TRAITÉ

DE

L'ÉDUCATION DU CHEVAL

EN EUROPE.

TRAITÉ

DE

L'ÉDUCATION DU CHEVAL

EN EUROPE,

Contenant le développement des vrais principes des haras, du vice radical de l'éducation actuelle, et des moyens de perfectionner les individus, en perfectionnant les espèces ;

AVEC UN PLAN D'EXÉCUTION POUR LA FRANCE.

Par M. DE PRÉSEAU DE DOMPIERRE,

Chevalier de l'Ordre Royal et Militaire de S. Louis, Mestre de Camp de Cavalerie.

A PARIS,

Chez MÉRIGOT le jeune, Libraire, Quai des Augustins, au coin de la rue Pavée.

M. DCC. LXXXVIII.

AVEC APPROBATION, ET PRIVILÈGE DU ROI.

AVERTISSEMENT.

Tous ceux qui, jusqu'à présent, ont écrit sur les haras, paroissent s'être bornés, les uns à indiquer des méthodes, sans approfondir les principes, les autres à établir des principes, sans l'appui de l'observation et de l'expérience, et sans y adapter des méthodes suffisamment détaillées ; ce qui a dû nécessairement égarer dans la théorie et dans la pratique. Cette remarque, trop justifiée par l'imperfection actuelle de nos haras, m'a conduit à penser qu'il seroit avantageux de réunir les deux moyens, et de faire marcher de front le principe et sa conséquence, la règle et son application, sans prétendre à la gloire de présenter un systême nouveau, sans trouver du plaisir à faire la satire d'ouvrages justement estimés ; et ne portant d'une main la lumière sur les abus qui subsistent, que pour en offrir de l'autre le remède. Uniquement inspiré par le zèle sincère et désintéressé d'un militaire citoyen, qu'anime le bien de sa patrie, je vais, en suivant pas à pas la nature, en exposant les faits et les résultats constatés par une expérience invariable, essayer de former un plan général, dont les principes, puisés aussi dans la nature, et accommodés aux différentes propriétés locales, donneront, si on les suit avec exactitude, les chevaux les plus parfaits et les haras les plus féconds.

Je ne dois point à un génie vaste les découvertes utiles que j'ai pu faire; elles sont le fruit du temps, d'une longue observation, de l'expérience répétée, et de mes propres fautes, qui m'ont instruit. Cette marche est plus vulgaire et plus lente;

mais elle est quelquefois plus sûre, et mène à des résultats plus certains. Si je suis parvenu à mieux voir que les autres, c'est une bonne fortune que j'ai payée par des erreurs et par d'assez grands sacrifices ; mais s'ils m'ont conduit à quelques vérités utiles, je ne regrette point mes avances, et je trouve ma moisson encore assez belle.

Je ne me vante point d'avoir, par mes seules forces, ouvert une carrière toute nouvelle : les principes sur lesquels repose la base de mon plan, ont été reconnus par M. de Buffon ; mais, en partant du même terme que lui, j'ai suivi, dans les conséquences, un sentier différent ; et c'est le flambeau de l'expérience, et non ma présomption, qui m'a forcé à abandonner le sien. Du reste, j'ai puisé des secours dans son Histoire naturelle, et je lui en restitue l'hommage. J'en ai trouvé d'autres encore dans une Instruction sur les haras, donnée par M. de Bourgelas. Les autres écrivains que j'ai consultés, paroissent s'être copiés l'un après l'autre. M. de la Guerinière seul, en observant que les étalons des pays chauds sont plus proqres à commencer des races, et leurs productions à les continuer, paroît avoir connu le principe fondamental des haras, qui est, que les étalons des pays chauds ne doivent être employés qu'à donner les germes avec lesquels on peut former des races. Plusieurs Écrivains ont aussi parlé du cheval arabe et des avantages que l'on peut en tirer pour en former des générations d'excellens chevaux; mais aucun ne me paroît avoir senti qu'il est nécessairement le seul germe des races de chevaux de toutes les espèces et de toutes les tailles que l'on veut perfectionner. MM. de Buffon et de Bourgelas ont exposé dans tout leur jour la nécessité de croiser les races, et les inconvéniens de la consanguinité, l'influence invincible de la température du climat et de la qualité des pâturages qui concourent ensemble, et insensiblement ramènent les formes et le caractère des individus aux prototypes du pays, si l'on n'a soin d'opposer à cette influence un contrepoids qui la balance constamment, et qui même l'emporte sur elle. Le développement des causes qui rendent le croisement indispensable et la consanguinité dangereuse, est dû, on le répète, à M. de Buffon : on regrette qu'il ait eté forcé de traiter cet objet trop en général ; mais l'immensité de son plan excluoit tous les détails de l'éducation propre à chaque espèce d'animal : c'est ce qui nous a déterminés à développer plus particulièrement le principe du croisement, relativement à l'éducation du cheval, et je ne me suis écarté de son opinion que dans la conséquence qu'il a tirée de ce principe. Ces vérités fondamentales, examinées avec soin, et suivies dans la pratique pendant 30 années de travail et de méditation sur un haras public que je régis, et sur un autre qui m'appartient, me font présumer que les grandes maximes, quoique assez connues, ont besoin d'être expliquées, et les procédés détaillés dans un plan modifié pour le royaume. Peut-être trouvera-t-on que j'ai donné trop d'étendue à celui que j'indique pour la France ; qu'il est trop compliqué ; que je me suis trop appesanti sur des objets en

apparence peu nécessaires : mais j'ai
senti que c'est en grand que doit nécessairement être traité un grand objet dans un grand état, pour que ses
rapports s'étendent et produisent un
grand effet ; que c'est sur des fondemens solides qu'il doit être établi ;
que c'est sur des principes certains
que doit être appuyé tout grand établissement. Le développement de ces
vérités, leur application multipliée ,
les preuves, les comparaisons répé-
tées m'ont paru inévitables dans un
ouvrage élémentaire , qui a pour but
la multiplication et la perfection d'un
animal utile , qui devient plus précieux et plus abondant, en raison des
soins que l'on prend de lui. Il auroit
peut-être été facile d'enfler mon ouvrage d'ornemens étrangers , de recherches d'érudition , qui y auroient
jeté de l'agrément : mais étranger à

l'art d'écrire et aux talens de l'homme
de lettres , je n'ai point fait de vains
efforts pour me parer aux yeux du
public et emprunter des graces qui
ne me seroient pas naturelles. Me re-
posant uniquement sur l'intérêt que
doit inspirer une grande vérité sur
un des objets les plus importans pour
la nation , je me suis contenté de l'exposer dans sa nue simplicité. J'ai même
cherché à la dégager de toute parure
qui pourroit distraire d'elle l'attention. Assez satisfait, si mon insuffisance littéraire n'a pas nui du moins
à la clarté de mon style , et si j'ai
réussi à présenter mes idées avec assez d'ordre et de netteté pour les faire
bien comprendre , et porter dans l'esprit du lecteur la même conviction
qui remplit le mien. On me pardon-
nera donc l'espèce d'aridité que la
gravité de mon sujet m'impose , les

imperfections qui ne déparent que le langage, sans nuire à la solidité des faits et des preuves, et certaines répétitions que je crois inévitables, et au zèle de persuader, et à la nécessité de convaincre. Quel que soit le succès de mon travail, quelle que soit l'opinion qui en sera portée; mon seul but étant le bien général, si cet essai est accueilli, je goûterai la douce satisfaction d'avoir été utile à ma nation, et peut-être aux autres peuples de l'Europe : s'il ne l'est pas, je m'en consolerai, en me rendant le témoignage d'avoir rempli, au moins d'intention et de volonté, la tâche d'un bon citoyen.

APPROBATION.

J'ai lu, par ordre de Monseigneur le Garde des Sceaux, un Manuscrit qui a pour titre : *Traité de l'Education du Cheval en Europe*, etc.

Des principes de physique animale, des faits de l'histoire naturelle des animaux, des observations et expériences faites dans les haras, concourent à donner la plus avantageuse opinion des idées et des conseils de l'auteur, pour former en France les espèces, qualités ou races de chevaux propres aux diverses provinces et à leurs différens usages. Un objet de la plus grande importance, des plans très-spécieux, des succès fort vraisemblables, une exposition claire et intéressante, ne peuvent manquer d'attirer l'attention sur ce traité. L'ouvrage ne contient rien qui doive en empêcher l'impression. A Paris, ce 24 Juillet 1787.

LE BEGUE DE PRESLE.

PRIVILEGE DU ROI.

LOUIS, PAR LA GRACE DE DIEU, ROI DE FRANCE ET DE NAVARRE: A nos amés & féaux Conseillers les Gens tenans nos Cours de Parlement, Maîtres des Requêtes ordinaires de notre Hôtel, Grand-Conseil, Prévôt de Paris, Baillifs, Sénéchaux, leurs Lieutenans Civils, & autres nos Justiciers qu'il appartiendra : SALUT. Notre amé le sieur MÉRIGOT le jeune, Libraire, Nous a fait exposer qu'il desireroit faire imprimer & donner au Public un *Traité de l'éducation du Cheval en Europe*, contenant le développement des vrais principes des haras, etc., par M. Préseau de Dompierre, s'il Nous plaisoit lui accorder nos Lettres de

Permiffion pour ce néceffaires. A CES CAUSES, voulant favorablement traiter l'Expofant, Nous lui avons permis & permettons par ces Préfentes, de faire imprmer ledit ouvrage autant de fois que bon lui femblera, & de le faire vendre & débiter par-tout notre Royaume, pendant le temps de cinq années confécutives, à compter du jour de la date des Préfentes. FAISONS défenfes à tous Imprimeurs, Libraires & autres perfonnes, de quelque qualité & condition qu'elles foient, d'en introduire d'impreffion étrangère dans aucun lieu de notre obé.ffance, à la charge que ces Préfentes feront enregiftrées tout au long fur le Regiftre de la Communauté des Imprimeurs & Libraires de Paris, dans trois mois de la date d'icelles ; que l'impreffion dudit ouvrage fera faite dans notre Royaume & non ailleurs, en bon papier & beaux caractères ; que l'Impétrant fe conformera en tout aux Réglemens de la Librairie, & notamment à celui du 10 avril 1725, & à l'Arrêt de notre Confeil du 30 août 1777, à peine de déchéance de la préfente Permiffion : qu'avant de l'expofer en vente, le manufcrit qui aura fervi de copie à l'impreffion dudit ouvrage, fera remis, dans le même état où l'Approbation aura été donnée, ès mains de notre très-cher & féal Chevalier Garde des Sceaux de France, le fieur DE LAMOIGNON ; qu'il en fera enfuite remis deux exemplaires dans notre Bibliothèque publique, un dans celle de notre château du Louvre, un dans celle de notre très-cher & féal Chevalier Chancelier de France le fieur DE MAUPEOU, & un dans celle dudit fieur DE LA-MOIGNON, le tout à peine de nullité des Préfentes ; du contenu defquelles vous mandons & enjoignons de faire jouir ledit Expofant & fes ayans caufe, pleinement & paifiblement, fans fouffrir qu'il leur foit fait aucun trouble ou empêchement. VOULONS qu'à la copie des Préfentes, qui fera imprimée tout au long au commencement ou à la fin dudit ouvrage, foi foit ajoutée comme à l'original. COMMANDONS au premier notre Huiffier ou Sergent fur ce requis, de faire pour l'exécution d'icelles tous Actes requis & néceffaires, fans demander autre permiffion, & nonobftant clameur de Haro, Charte Normande, & Lettres à à ce contraires : Car tel eft notre plaifir. Donné à Verfailles, le cinquième jour du mois de septembre, l'an de grace mil sept cent quatre-vingt sept, & de notre règne le quatorzième. Par le Roi en son Conseil.

LEBEGUE.

Regiſtré ſur le Regiſtre XXIII de la Chambre Royale & Syndicale des Libraires & Imprimeurs de Paris, n°. 1241, fol. 346, conformément aux diſpoſitions énoncées dans la préſente Permiſſion, & à la charge de remettre à ladite Chambre les neuf exemplaires preſcrits par l'Arrêt du Conſeil du 16 Avril 1785. A Paris, le dix-huit ſeptembre 1787.

KNAPEN, Syndic.

TRAITÉ

TRAITÉ

DE

L'ÉDUCATION DU CHEVAL

EN EUROPE.

INTRODUCTION.

LE cheval tient, parmi les animaux domestiques, le rang le plus distingué, par sa beauté, sa force et son courage : il est le serviteur et l'ami de l'homme ; il est un des premiers agens de l'agriculture et du commerce ; objet d'utilité et d'agrément à la fois, c'est, en un mot, une des premières richesses territoriales dans les pays où son éducation est soignée.

La France, l'état de l'Europe qui en fait la plus grande consommation, en éprouve constamment la disette ; elle en importe de toutes les espèces, depuis l'étalon arabe jusqu'au cheval de tombe-

A

reau ; elle n'en exporte aucune : à l'exception du cheval d'attelage normand , toutes nos espèces sont médiocres ; enfin , la France n'a de germes parfaits pour aucune genre (1).

A ces considérations qui regardent le commerce , il s'en joint d'autres plus essentielles encore. Ce sont les inconvéniens qu'entraîneroient , en temps de guerre,

---

(1) Après vingt-deux ans de paix , quoique ce royaume entretienne très-peu de troupes de cavalerie , que le Gouvernemeut fasse des dépenses considérables pour les haras , on est encore obligé de tirer de l'étranger des chevaux des troupes , de carrosse , de chasse , d'agrément et de roulier. Cet objet de commerce , dans lequel les étrangers ont tout l'avantage , fait sortir de la France des sommes immenses. Ces vérités sont trop connues pour avoir besoin de preuve ; mais s'il restoit le moindre doute à cet égard , qu'on jette les yeux sur notre cavalerie ; on verra que la majeure partie est montée sur des chevaux allemands : sur les équipages de chasse du roi et des princes , on verra qu'ils sont composés de chevaux anglois : on sait qu'une grande partie de ceux de carrosse et d'attelage de Paris et de nos villes septentrionales , viennent d'Allemagne et de Hollande , et que la plupart des attelages des rouliers chargés des plus pesans fardeaux , sont formés des chevaux des Pays-Bas Autrichiens.

une cavalerie mal montée, une artillerie et des vivres mal attelés, des équipages composés de mauvais chevaux.

Et même si, dans l'état présent des choses, il survenoit une guerre de terre, qui nous privât de la ressource de l'Allemagne; si nous éprouvions le plus petit revers qui nous réduisît à n'entretenir notre cavalerie qu'avec nos seules productions, à peine nous resteroit-il, après trois ou quatre campagnes, quelques germes des chevaux propres à la cavalerie.

Ces réflexions m'ont déterminé à composer ce Traité, dont l'objet est de prouver qu'avec une bonne méthode et des soins assidus, la France peut non-seulement trouver dans son sein tous les chevaux nécessaires à ses besoins, mais en faire même une branche de commerce d'autant plus avantageuse, qu'elle sera en état de disputer la préférence à tous les autres pays de l'Europe.

Avant que de parler des procédés qu'il faut employer pour amener cette heureuse révolution, jetons un coup-d'œil

sur ce superbe animal, l'objet des éloges
des livres sacrés, et si digne des pinceaux
animés de l'immortel Buffon ; et posons
avec simplicité les principes de son éducation et de sa reproduction, d'après les
observations que le temps et l'expérience
nous ont fait recueillir.

CHAPITRE PREMIER.

Principes généraux.

Laissons aux esprits privilégiés le soin
et le mérite de former des systêmes pour
saisir et développer la marche de la nature dans son enfance ; la cause et l'époque
de la dispersion des animaux sur le globe;
les raisons qui rendent la température du
climat plus ou moins convenable à certaines espèces. Offrons à leurs succès, à
leurs efforts, le tribut mérité de notre reconnoissance : toujours il sort de leurs erreurs mêmes des lumières utiles, et les pas
que l'on fait dans la recherche de la vérité ne sont jamais tous perdus. Profitant
des fruits de leur travail pour l'objet qui
nous occupe, arrêtons-nous aux preuves,
et, à leur défaut, aux probabilités, qui,
dans une infinité d'objets, sont les seules
connoissances auxquelles il soit donné à
l'homme d'atteindre, et qui quelquefois le

servent autant que la certitude même. Parmi ces probabilités, remarquons celles-ci.

1°. Il paroît certain que l'Auteur de la nature a, dans toutes ses productions, donné le premier germe de toutes les qualités dont il a jugé à propos de rendre son espèce susceptible ; et le premier germe de chaque production a été créé unique (2).

2°. Ce germe, ayant eu l'avantage de sortir immédiatement de ses mains, est le plus parfait qui ait existé et qui puisse exister. Comme il est le modèle sur lequel toutes les productions de son espèce seront moulées, les efforts de l'homme doivent tendre à en rapprocher les animaux soumis à son empire, pour leur procurer le dégré de perfection dont il a plu à l'Être suprême de les rendre capables. Il paroît aussi que l'Auteur de la nature a destiné et fixé au cheval, ainsi qu'à ses autres productions, une patrie dans laquelle seule cet animal peut se maintenir au degré de

_____

(2) On sent bien que par le terme d'*unique*, on entend un mâle et une femelle.

perfection qui est assigné à son espèce.

Ne cherchons pas non plus à approfondir de quelles manières l'espèce du cheval s'est répandue dans toutes les parties
de l'univers, si les différentes races se sont
formées d'elles-mêmes, ou si la variété
que nous y remarquons est l'ouvrage de
l'homme ; mais tenons pour certain, d'a-
près l'expérience, que le sol, le climat et les
nourritures, ont sur ces races une grande
influence : ajoutons qu'il paroît que la première destination de ce bel animal, et le but
de la nature en faisant ce magnifique présent à l'homme, a été de lui fournir une
monture ; cette conjecture paroît vraisemblable, et par l'économie de la nature,
qui dans le principe n'a créé qu'une espèce, et par le soin avec lequel elle a dis-
persé, dans les différentes parties du
monde, d'autres animaux propres à tirer
et à porter des fardeaux. En Asie, en
Afrique, l'éléphant, le chameau, l'âne, le
buffle ; en Europe, l'âne et le bœuf semblent nés pour ces usages moins nobles.
Observons aussi que les peuples de l'Asie

et de l'Afrique, qui ont l'avantage de posséder les meilleurs chevaux de l'univers,
les ont laissés dans leur état naturel, et
qu'ils ne s'en servent que pour l'usage
auquel ils semblent primitivement destinés, c'est-à-dire, pour porter l'homme :
c'est afin de ne les point détourner de cette
destination, qu'ils ont multiplié les animaux propres aux autres besoins de l'homme, en formant le mulet, au lieu que les
Européens, condamnés, par un climat
moins favorable, à élever des chevaux
moins parfaits, dans la vue peut-être de
les améliorer, ou plutôt d'en étendre l'u-
sage, en ont fait des races propres au
tirage et au transport des fardeaux, ce qui
les a dénaturés. La conséquence naturelle
est que le cheval le plus parfait étant celui qui est resté dans son intégrité, c'est
le cheval de selle qui est de la plus parfaite espèce; que le cheval d'Asie étant
le meilleur cheval de selle, l'Asie doit
être par excellence la patrie de cet animal;
qu'enfin il est également vrai que le cheval arabe est le meilleur d'Asie, et consé-

quemment le plus parfait et celui qui a
conservé au plus haut degré les qualités
qui lui ont été accordées par l'auteur de
la nature ; qu'ainsi il doit être le germe
le plus précieux pour les haras.

· Une autre observation , c'est que le
Créateur paroît n'avoir laissé subsister
que par parcelles, sur la surface de l'univers, les germes de la perfection : mais
aussi il a donné à l'homme la faculté de
s'en procurer la jouissance par un travail
assidu , en conservant pures les productions dans leur patrie; en perfectionnant,
dans les climats qu'ils habitent , les races
d'animaux qui lui sont utiles, pour tirer
du sein de la terre les fruits nécessaires
à sa subsistance et pour ses autres usages
personnels. C'est sans doute par l'effet de
ce principe universel que les Persans,
ayant reconnu la supériorité des chevaux
arabes, en ont préféré la race à ceux de leur
pays même : les autres peuples de l'Asie,
par la même conviction, ont suivi le même
procédé. Les mêmes observations ont fait
reconnoître aux Africains la supériorité

des chevaux d'Asie sur ceux d'Afrique,
et ce peuple a encore donné la préférence
aux premiers. Les peuples de l'Europe,
voisins de l'Afrique et de l'Asie, ayant
également senti l'excellence des chevaux
de cette contrée sur leurs propres chevaux,
ont croisé leurs races avec eux : enfin,
les peuples du nord de l'Europe, convain-
cus de la prééminence des chevaux nés
dans le midi de la partie du monde qu'ils
habitent, y ont été de préférence chercher des étalons ; mais comme les connoissances n'avancent qu'à pas lents, on
s'est contenté, pour perfectionner les races,
de faire marcher les chevaux sur lesquels
on a travaillé de proche en proche, conformément à la gradation qui vient d'être
présentée. Ce n'est que dans le seizième
siècle que les Anglois, remontant à la
véritable source, ont, les premiers, fait
venir des chevaux arabes en Europe. Aussi-
tôt on s'est aperçu de l'excellence du sang
de cette espèce, et de l'ascendant que le
cheval primitif doit avoir sur des races
dégénérées, soit par l'effet du climat et

des nouritures, soit par la négligence de l'homme. Les races de chevaux anglois, issus d'arabes, ont acquis sur tous ceux de l'Europe la supériorité dont ils jouissent et qu'ils conserveront jusqu'à ce qu'elle leur soit enlevée par d'autres peuples européens qui emploieront leurs moyens : ces mêmes moyens sont à la disposition de la France, et elle en peut faire agir de bien plus puissans par l'avantage de posséder de meilleurs pâturages, un climat et un sol infiniment plus favorables.

On vient de prouver qu'il n'existe dans l'univers entier qu'une seule espèce pure, le cheval arabe ; que ce germe précieux est unique ; que les différences qui se trouvent entre le cheval arabe et certaines races, soit pour la taille, soit pour d'autres qualités, sont l'ouvrage ou de l'homme ou de la température du climat et de la diversité des nourritures ; il en résulte que les meilleurs chevaux, dans quelque genre que ce soit, seront toujours ceux qui auront reçu dans leurs veines une plus grande quantité du sang arabe, parce qu'il est, on ne sauroit trop le répéter, le premier cheval de l'univers, le cheval de la nature. On pourroit peut-être inférer de cette proposition qu'il seroit donc avantageux de faire saillir les jumens de toutes les tailles et destinées à tous les usages par des étalons arabes ; mais ce seroit une grande erreur. Nous déterminerons plus bas, en parlant des haras de pépinière, les distinctions qu'il faut admettre dans ce principe fondamental.

Une autre conséquence, c'est que l'Arabie, patrie du cheval, étant un pays chaud, dont le sol et les pâturages sont secs, ce sont les climats chauds jusqu'à un certain degré, le sol et les pâturages secs, qui conviennent le plus au cheval.

Joignons à présent à ces observations celles que nous tenons de l'expérience.

1°. Le croisement des races est indispensable ; mais par croisement on doit entendre le renouvellement constant du premier germe seulement, du germe primitif.

2°. Il faut former des races poulinières

dans les pays où l'on veut élever des chevaux, parce que ces jumens, à bonté, et beauté égales d'ailleurs, sont supérieures à celles des pays étrangers (3).

---

(3) « Il y a environ trente ans que Louis XIV fit « venir plusieurs cavales de Turquie, de Barbarie « et d'Espagne ; on usa de precautions pour en faire « saillir un certain nombre par les étalons du pays, « à dessein de voir ce qui en proviendroit. Après les « avoir fait debarquer en Provence, la partie la plus « méridionale de la France, ou les y laissa jusqu'à « ce qu'elles eussent donné leurs poulains et qu'elles « les y eussent allaités jusqu'à l'âge de dix à onze « mois, pour les mener ensuite à petites journées au « haras de Saint-Léger. On les conduisit par les « beaux jours du printemps avec un grand soin. Malgré toutes ces précautions, les poulains devinrent « inutiles, et ils ne valoient pas la dixième partie « des soins qu'ils avoient coûtés ; de plus, lorsque ces « cavales furent arrivées au haras, c'étoit la saison « de les faire couvrir par des étalons. On ne manqua point de leur donner des chevaux de leur « pays et quelques autres étalons d'Espagne, de « Portugal, d'Italie, et même quelques beaux anglois ; enfin on chercha tout ce qu'il y avoit de « plus beaux mâles, afin de faire des remarques sur « ceux qui produiroient le mieux : mais, en dernier « résultat, les fruits ne payerent pas les peines. « Tandis que tous ces superbes animaux, qui n'avoient rien fait et qui s'étoient comme déshonorés

3°. La consanguinité est à éviter (4).

4°. Il ne faut point mener l'étalon dans un pays plus chaud que celui dans lequel il est né (5), ni la jument dans un pays plus froid (6).

5°. Dans aucune partie de l'univers les chevaux ne peuvent être abandonnés aux seuls soins de la nature, sans dégénérer.

6°. C'est l'animal qui reçoit le plus de

« avec ces cavales des pays orientaux, réparèrent « leur réputation, et firent des merveilles avec les « cavales du pays ». (*Note de Gaspard le Saulnier*, *article de la Cavalerie inf. pag. 63.*)

La raison qui empêche les jumens des pays chauds de réussir dans le nôtre, c'est que la nature ne peut défendre la mère des influences d'un climat inférieur à celui de sa naissance, et fournir en même temps à l'accroissement du fruit d'une mère pâtissante.

(4) Consanguinité est l'union de deux animaux de la même famille en ligne directe.

(5) Parce que le plus haut degré de perfection d'un étalon, tiré d'un pays froid, n'étant qu'une dégénération d'un étalon des pays chauds, il est nécessairement inférieur.

(6) Parce que la jument d'un pays plus chaud seroit obligée de s'acclimater avant de pouvoir donner de bonnes productions.

l'éducation, celui sur lequel les soins de l'homme influent davantage et auquel ils sont le plus nécessaires. Les races de ces animaux se perfectionnent ou dégénèrent en raison des soins qu'on leur prodigue, ou de l'abandon où ils sont laissés.

7°. Il faut, dans l'accouplement, assortir les tailles, les figures, les qualités et les propriétés.

Le Tableau que nous allons offrir aux yeux facilitera l'intelligence de ces principes.

TABLEAU

GÉNÉALOGIQUE ET PROPORTIONNEL

du degré d'influence simultanée du climat de l'Étalon et de la Jument.

ÉTALONS.	Degrés qui séparent la jument de l'étalon.	JUMENS.	
A	100	1	
B	60	2	Production de la jument n°. 1, et de l'étalon A.
C	40	3	Production de la jument n°. 2, et de l'étalon B.
D	30	4	Production de la jument n°. 3, et de l'étalon C.
E	25	5	Production de la jument n°. 4, et de l'étalon D.
F	$22\frac{1}{2}$	6	Production de la jument n°. 5, et de l'étalon E.
		7	Production de la jument n°. 6, et de l'étalon F.

EXPLICATION.

Supposons que l'étalon A soit le plus parfait et la jument n°. 1 la plus défectueuse, et qu'il y ait entre eux 100 degrés de différence ; l'étalon et la jument devant

devant influer ensemble pour moitié, leur production, la jument n°. 2, ne devroit être séparée de ses ascendans que de 50 degrés : mais le climat venant aussi influer pour une portion quelconque, de dix degrés, par exemple, cette jument n°. 2, au lieu de n'être séparée de ses père et mère que de 50 degrés, le sera de 60 ; cela doit paroître sensible.

Donnez à la même jument n°. 2 l'étalon B, que nous supposons de la même espèce et de la même bonté que l'étalon A, mais non pas le même, pour éviter la consanguinité, leur production, c'est-à-dire la jument n°. 3, ne devroit être éloignée de ses ascendans que de 30 degrés ; mais il faut y ajouter l'influence constante du climat pour ses 10 degrés : elle sera donc éloignée de 40 degrés de ses ascendans. Continuez le même procédé jusqu'au n°. 6 ; vous aurez à la septième génération un individu qui ne sera distant de ses ascendans que de 22 degrés environ, et pour lors il est vraisemblable que la race ne s'améliorera presque plus, parce que

B

l'influence du climat ne pouvant être entiérement détruite, elle restera toujours sensible dans la proportion de sa distance ou de sa proximité de la patrie du cheval A ; mais cependant vous aurez une race aussi parfaite qu'il soit possible dans le climat où vous aurez travaillé (7).

; En prenant cette méthode à l'inverse vous serez tombé au plus bas degré de détériorité à la quatrième génération, parce que le climat influera pour accélérer la dégénération dans la même proportion qu'il a influé pour retarder la perfection.

. Mais en conservant les individus mâles et femelles parvenus au degré du n°. 7, et en perpétuant leurs races, avec le soin rigoureux d'éviter la consanguinité, et de n'employer que les couples les plus parfaits, vous ne soutiendrez pas, à la vérité, la race dans la plus grande perfection, puisque vous n'emploierez plus d'étalons

---

(7) Il est aisé de sentir par ce tableau que les races se perfectionnent davantage et plus promptement dans un climat favorable que dans un climat contraire, et que le degré de son influence en dégénération est moindre.

de la première race ; mais du moins vous la maintiendrez entre les n°s 5 et 6 : la forme et les caractères propres au climat s'y consolideront , et vous aurez porté , comme vous pourrez conserver , cette race au plus haut degré d'amélioration dont elle est susceptible dans le pays , sans le secours des races étrangères. Mais ce plan est impraticable présentement , avec les chevaux qui existent dans la plus grande partie du royaume , puisque aucunes de nos races ne sont indigènes , qu'elles ne sont point composées d'individus qui réunissent toutes les qualités qui appartiennent au sol, et que ces races ont été perpétuées et croisées avec des animaux remplis de tares dont les productions se ressentent nécessairement.

Plusieurs vérités fondamentales dérivent de cet exposé : 1°. que les germes mâles et femelles les plus parfaits sont d'une nécessité indispensable , et qu'il n'en existe point en France , ni même en Europe ; 2°. que nous pouvons bien les former chez nous, mais qu'on ne le peut qu'avec le

secours des étalons les plus parfaits ; 3°.
que le cheval arabe étant le meilleur, de
l'aveu général , il est par conséquent le
seul qui puisse remplir notre but ; 4°. qu'un
établissement de haras ne , peut jamais
réussir sans être pourvu de poulinières
de races créées et perfectionnées pour les
usages du pays, et dans le pays même où
elles sont destinées à produire ; 5°. que
dans l'état où sont nos haras , il faut un
certain espace de temps pour former ces
races de poulinières ; mais que cette formation est possible avec les jumens qui
sont actuellement dans le royaume ; 6°. enfin que ces races, une fois formées, ne doivent jamais être perdues de vue ; qu'il
faut constamment et sans interruption,
travailler à les conserver et à les soutenir
dans l'état le plus parfait (8).

---

(8) Pour rendre ces vérités encore plus sensibles,
supposons que l'on transporte , des environs d'Ams-
terdam à Tarbes, un étalon et des jumens de Hollande de cinq pieds cinq pouces , et qu'on en per-
pétue constamment les races par leurs productions;
à la sixième ou septième génération ils seront revenus au type du climat de Béarn , et à peine les

⸗ Si ces vérités, et principalement la nécessité d'avoir et de conserver les meilleures races de jumens possibles, avoient
besoin de preuve, elle nous seroit fournie
par les Arabes mêmes, par leur procédés
et leurs succès. Ce peuple doit l'avantage
d'avoir les meilleurs chevaux du monde
entier, moins encore à la bonté de son
climat qu'aux soins constans qu'il apporte
à conserver purs et sans tache ses étalons et ses jumens, mais sur-tout les jumens, dont la perfection est aussi essentielle, plus dispendieuse et plus difficile.
Tout le monde sait le cas que l'Arabe en
fait, avec quel scrupule il évite la consanguinité (9) : des registres publics de

---

distinguerez-vous des chevaux originaires de ce pays,
parce qu'à chaque génération le climat et la nature
des pâturages influant sur ces animaux, les auront
sans cesse éloignés de la forme et du caractère de
leur première patrie. ⸗

(9) Le croisement ne peut avoir lieu chez ce
peuple, parce qu'avec un climat suffisamment chaud
et le plus favorable de l'univers, possédant les germes les plus purs qu'ait formé la nature, il ne
pourroit trouver, sous un ciel étranger, des animaux assez parfaits pour croiser les siens.

plus de cinq siècles, tenus avec autant d'exactitude que le sont chez nous les registres de la naissance et des alliances de l'homme, attestent avec quelle constance la vigilance, les précautions sont observées par ce peuple, le meilleur maître et l'ami du cheval avec lequel il vit familièrement, et qui est aussi le mieux payé de ses soins par cet animal généreux, reconnoissant, sensible aux bons procédés comme il l'est à l'injustice. Il existe néanmoins des chevaux très-médiocres en Arabie, mais ce ne sont que ceux dont les races n'ont point été entretenues avec les soins que nous venons de prescrire, et l'exception confirme le principe.

Si ces soins sont absolument nécessaires même dans l'Arabie, dans la patrie du cheval ; si en les négligeant le succès est impossible, comment nos haras réussiroient-ils en France, n'étant point formés sur ces principes, les seuls conformes à la marche de la nature ? Mais le reproche de nous en être si visiblement écartés ne tombe pas sur nous seuls ; tous les autres

peuples le partagent avec nous : par-tout
l'éducation du cheval offre ce vice origi-
nel que nous venons d'indiquer, et nulle
part on ne l'a envisagée ni dirigée d'après
les principes que j'ai développés, et qui
sont puisés dans les lois de la nature.
L'Arabe seul est exempt de cette erreur
universelle. Il semble que l'Être suprême,
dont la prévoyance éternelle veille à la
conservation de ses productions, ait im-
primé à ce peuple un goût inné et déterminé pour cet animal précieux, et qu'en
le plaçant dans un aussi heureux climat
comme dans sa vraie patrie, il en ait as-
sujetti l'habitant à un besoin indispensable
de son service journalier, dont sont nés
un tact sûr, un attachement héréditaire
et une assiduité perpétuelle de soins multipliés pour son éducation. Cette source,
toujours restée pure, semble placée là pour
régénérer sans cesse les espèces abâtardies
et négligées de l'homme dans les autres
parties du globe, si l'homme veut suivre
la nature et travailler de concert avec elle.
On ne peut donc, sans injustice, accuser

de nos fautes l'administration des haras, ni les personnes qui en sont chargées en France. Ils ont partagé l'erreur commune. On auroit plutôt à se plaindre des auteurs qui ont traité cette matière. C'étoit d'eux que le Gouvernement devoit naturellement attendre plus de lumières et la recherche des vrais principes; mais leurs traités trop superficiels, le défaut d'études approfondies ou éclairées par la pratique et l'expérience, ou la précipitation d'exécuter sur des conjectures hasardées ou des observations trop légères, ont retardé le développement des connoissances, et multiplié les écarts, avant de rencontrer la véritable route.

Je n'ai pas cru devoir m'occuper d'une infinité de remarques, les unes trop rares, les autres faites trop superficiellement pour pouvoir être regardées comme règles constantes de la nature. Les principes immuables que je viens de poser, sont les seuls fondemens auxquels on puisse s'arrêter, et les exceptions qui se présenteront seront l'effet d'événemens trop rares pour porter atteinte à la justesse de ces principes.

Mais j'observerai qu'il se trouve en Europe des chevaux dont on ne trouve point l'objet de comparaison en Asie ; ce sont ceux d'attelage, qu'il faut, dans le grand système de la nature, regarder comme une dégénération plutôt que comme une espèce distincte. Leurs caractères sont le produit des climats et des nourritures : il ne faut donc pas se laisser tromper par le préjugé que tel ou tel canton de l'Europe, sous un climat tempéré, a des propriétés locales, indépendantes et absolues, qui opposent des obstacles insurmontables à l'éducation d'une bonne espèce de chevaux ; car ces propriétés ne sont au fond que le résultat des germes dont on fait usage, du climat, de la nature des pâturages et des procédés employés par l'homme. Avec de bons germes, des soins et de bons principes, on élevera, dans tous les climats et dans tous les pâturages propres aux chevaux d'attelage, de bons chevaux de cette espèce ; avec de bons germes

et les mêmes soins, on élevera, dans tous
les climats et dans tous les pâturages propres aux chevaux de selle, d'excellens
chevaux de selle ; et on réussira toujours
en général et en particulier, en proportion
de la qualité des germes, de la justesse
des procédés et de l'attention que l'on ap-
portera dans l'emploi et l'application des
uns et des autres.

Au risque de nous répéter, espèce de
goût trop frivole pour n'être pas sacrifié
à de grandes vérités qu'il faut rendre sensibles, résumons en peu de mots tout ce
que nous venons de détailler.

Il est d'impossibilité physique d'élever
de bons chevaux de toutes les espèces,
sans avoir des germes mâles et femelles
parfaits pour chacune.

Il est d'impossibilité physique de se
procurer dans l'univers entier des germes
mâles et femelles parfaits pour toutes les
espèces, parce qu'il n'en existe qu'une seule
de parfaite.

Il est donc d'impossibilité physique actuellement d'élever de bons chevaux de

toutes les espèces en France. Mais la
France a la possibilité physique d'élever
de bons germes pour toutes les espèces;
elle a donc aussi celle d'élever de bons
chevaux de toutes les espèces. C'est la
preuve de ces vérités, et leur application
au royaume, que je vais tâcher de rendre
évidente.

Parcourons les différentes parties de la
France, et voyons si son climat, son sol,
ses pâturages, ses races, peuvent, à l'aide
de ces principes, faire naître des chevaux
d'un mérite égal et même supérieur aux
plus renommés de l'Europe.

CHAPITRE SECOND.

*Application des Principes aux Haras du
Royaume.*

SECTION PREMIÈRE.

*Des espèces de Chevaux et des Pâturages
qui existent en France.*

L'ÉTENDUE de la France, la variété de
son climat et de son sol, l'abondance et
la fertilité de ses pâturages ; la quantité
de fleuves, de grandes rivières et de ruis-
seaux qui les arrosent ; ses coteaux et ses
montagnes ; la multitude d'espèces différentes de chevaux qui s'y trouvent depuis le pied des Pyrénées jusque sur les
bords de la Manche, et depuis l'Océan
jusqu'au Rhin ; l'avantage d'avoir des chevaux de toutes les espèces, et de toutes
les tailles ; le génie même de la nation,
qui, d'abord opposé par sa légèreté aux
établissemens qui demandent du temps

et de la constance, se fixe et excelle en
tout lorsqu'il est excité par l'intérêt, soutenu par l'amour-propre, et sur-tout qu'il
est inspiré par l'espoir de plaire au maître
qu'elle aime ; l'usage où l'on est dans tout
le royaume d'élever une certaine quantité
de chevaux ; les qualités reconnues dans
ceux du Limosin et de plusieurs autres
races ; la supériorité des productions normandes pour les attelages : tout annonce
qu'en réformant les vices de nos haras,
des efforts réunis à de bons principes
triompheront de tous les obstacles, et ob-
tiendront les plus heureux succès.

Pour achever ce tableau de nos ressources et de nos moyens, examinons rapidement les variétés frappantes qui dis-
tinguent les formes et les qualités de nos
races indigènes.

Le cheval du midi de la France a depuis 4 pieds 4 pouces jusqu'à 6 à 7 pouces ;
et à mesure que l'on remonte vers le nord,
les chevaux grandissent, épaississent et
changent insensiblement, jusqu'à ce qu'arrivé tout-à-fait au nord, on les voit at-

teindre 5 pieds 4 pouces, et même plus.
Les premiers, sont uniquement propres à
la selle, par leur naturel et leur petite
taille; les autres ne sont bons qu'au tirage,
à cause de leur grandeur, de leur poids et
de leur épaisseur. C'est de la température
du climat et de la qualité des pâturages que
dépendent absolument la taille et les propriétés de ces animaux. Dans la Navarre,
le climat est chaud, les pâturages secs et
pleins de sucs robustes; mais à mesure
que l'on approche du nord, ils deviennent
plus gras, et en Flandre ils finissent par
être humides et substantiels ; leurs sucs
épais et crus font prendre à l'animal de
cette province la masse et l'ampleur qui
le caractérisent.

La taille et les qualités dépendent indu-
bitablement du climat et des nourritures,
avec cette distinction essentielle ; que le
climat influe sur le caractère, et les nourritures, sur la taille ; ce qui fait que dans le
même pays et sous le même ciel, un cheval
est petit sur la montagne et grand dans la
plaine ; mais sur la montagne dont les pâ-

turages sont gras, les chevaux sont grands ;
de même qu'ils sont petits dans les plaines
dont les pâturages sont secs, même sous
les climats chauds. En un mot, les influences du climat et des nourritures, sé-
parées ou réunies , sont toujours sensibles. L'Italie en offre la preuve. Son climat est infiniment plus chaud que celui
de la Normandie ; cependant la première
élève des chevaux plus grands, parce qu'au
moyen des arrosemens qu'elle procure
à ses pacages, et par d'autres causes physiques, ses fourrages sont plus forts et plus
nourrissans que ceux de la Normandie. Le
climat de l'Italie, par sa plus grande chaleur,
imprime aussi aux races qu'elle produit,
le caractère propre à sa température ; ainsi
le cheval y reçoit sa taille des pâturages,
et son feu du climat. Plusieurs provinces
de la France offrent les mêmes variétés,
quant aux nourritures ; il seroit donc possible d'y élever des chevaux de différentes
espèces ; mais comme il ne faut pas perdre
de vue notre véritable but, qui est le plus
haut degré de perfection, il vaut mieux

se restreindre dans chaque province à la seule race qui est analogue à son climat et à son sol.

Ces vérités, constatées par l'expérience, annoncent que la nature, bienfaisante pour le royaume, n'attend que nos soins pour mettre la dernière main à son ouvrage, et que chez nous elle n'a plus qu'à perfectionner, tandis qu'il faut qu'elle crée chez les autres peuples de l'Europe, qui lui font violence lorsqu'ils veulent varier les espèces de leurs chevaux. En effet, le cheval indigène d'Espagne ne peut devenir cheval d'attelage et de tirage, qu'en forçant la nature et en décomposant la qualité des pâturages. Le cheval indigène de Hollande ne pourroit devenir cheval de selle que par les mêmes moyens; il en est de même du cheval anglois et de ceux du nord de l'Allemagne.

Ces deux derniers, principalement l'anglois, qui cependant est le meilleur de l'Europe, sont dans la classe de ceux sur lesquels la main de l'homme a le plus marqué. Ils sont une preuve que si nous

employons

employons avec intelligence les avantages
dont nous a gratifiés la nature , nous devons espérer une entière réussite.

Nous avons donc des chevaux , un climat, des pâturages de toutes les espèces,
et propres à faire naître les individus les
plus parfaits dans tous les genres ; il ne
s'agit donc que de perfectionner les espèces
dont nous jouissons : mais pour y parvenir complétement , il faut travailler à l'a-
mélioration de toutes les espèces à-la-
fois , et de chacune d'elles séparément ,
et les fixer sur le sol et les pâturages qui
sont les plus propres à chacune en particulier.

Cherchons maintenant quelles sont
les causes qui , contrariant des ressources aussi certaines et des moyens aussi
puissans , ont empêché que le royaume
n'ait , dans aucune espèce, les chevaux
qui lui sont nécessaires.

C

SECTION II.

Des causes de la pénurie et des défectuosités des Chevaux en France.

D'APRÈS les principes que nous avons établis, et la possibilité démontrée de les adapter à notre climat, il est évident que le principal obstacle vient de l'inexécution de ces principes, de la privation absolue de bons germes, et de l'impossibilité de nous en procurer, dans l'état présent des choses, pour toutes nos espèces.

A ces inconvéniens il s'en joint beaucoup d'autres aussi capitaux.

En France, le goût des chevaux, chez le grand seigneur et l'homme opulent, tient au luxe, à la vanité ou à la fantaisie, sans aucun rapport au bien général, ni à l'animal en lui-même.

Le gentilhomme, l'ecclésiastique, le fermier, l'habitant de la campagne, ne voient dans le cheval qu'un animal utile; ils ne l'envisagent que sous le point de

vue borné des services qu'il peut rendre,
soit pour la culture , soit pour d'autres
besoins ou commodités , et nullement
comme l'objet d'un commerce national et
lucratif. Aucune province, la Normandie
et le Limosin exceptés , ne fait le trafic
de chevaux ; ou si quelques-unes s'en
occupent, il est de si peu d'importance,
les animaux y sont de si peu de valeur ,
que cette branche de commerce peut être
regardée comme nulle, quant à l'étranger.
Cette vérité est prouvée par le fait malheureusement trop certain, que nous im-
portons des chevaux de toutes les sortes,
et que nous n'en exportons aucuns.

3. Nous n'avons point, ou du moins que
très-peu de grands établissemens de haras, autres que ceux qui appartiennent au
roi , parce que ces entreprises étant extrêmement coûteuses, elles ne pourroient
être formées que par de grands seigneurs,
ou par des particuliers très-riches. Mais
ceux-là, par la nature du gouvernement,
par leur état, par une suite du génie na-

tional, par le goût du plaisir, sont arrêtés
à la Cour ou à Paris, n'habitent la campagne que passagèrement, par air et par
habitude, plutôt que par inclination :
ils y portent les mœurs et les goûts de
la ville, et tournent rarement leur attention sur des objets d'une grande utilité ;
leurs fortunes et tous leurs revenus sont
sacrifiés à des dépenses de luxe et d'agrément ; leurs affaires sont rarement en assez
bon état pour leur permettre de penser
à des établissemens utiles à la patrie. Si
quelques gentilshommes aisés séjournent
plus habituellement à la campagne, singes
des grands seigneurs, entraînés par la
pente du génie de la nation, ils versent
aussi leurs dépenses sur les seuls objets
d'agrément et de frivolité ; enfin, le goût
national s'étendant de proche en proche
jusqu'aux autres classes de la société,
produit le même effet presque sur toutes
les fortunes.

Il y a peu d'équipages de chasse en
France, et très-peu des propriétaires qui
en ont, élèvent les chevaux dont ils ont

bésoin (10): au contraire, c'est pour eux un point d'honneur de les avoir anglois ; et en effet, on ne peut disconvenir qu'ils n'aient raison pour le moment, vu la supériorité actuelle des chevaux anglois. Il en est de même de ceux de carrosse ; il n'y a peut-être pas à Paris et dans les autres villes du royaume, si ce n'est en Normandie, cent personnes qui aient élevé les chevaux dont leurs équipages sont attelés.

La multiplication et la commodité des chaussées, en facilitant l'usage des voitures, ont diminué l'exercice du cheval, ce qui a fait perdre au cheval de selle, le plus parfait, le plus difficile, comme le plus cher à élever, beaucoup de son mérite. Si l'homme aisé sort de chez lui, même pour n'aller que dans l'intérieur de la ville, enfermé dans une boîte somptueuse et

---

(10) Il y a en Angleterre vingt fois plus d'équipages de chasse qu'en France, ce qui, en partant de l'étendue des deux Etats, fait la différence de plus de cent contre un. En Angleterre, tout le monde élève les chevaux qui lui sont nécessaires, et on se pique à l'envi de les avoir supérieurs.

commode, il est à l'abri du froid, du chaud, et des autres intempéries de l'air : l'animal qui le conduit, éloigné, isolé de son maître, n'a de rapport qu'à son luxe, à sa vanité et à sa mollesse. L'homme qui va à cheval, uni en quelque façon à l'animal sur lequel il est monté, éprouve au contraire et partage, à chacun de ses mouvemens, l'agrément ou le déplaisir nécessairement attachés aux qualités bonnes ou mauvaises de sa monture ; il est plus à portée d'en sentir le mérite ou les défauts, d'étendre son usage et ses services, et par conséquent de concevoir, par la connoissance de son prix et de ses avantages, le desir de le perfectionner et de le multiplier. L'artillerie, la mousqueterie, en changeant la façon de faire la guerre, ont rendu le cheval de monture moins précieux pour le cavalier qu'il ne l'étoit dans le temps où la sureté et l'honneur de l'homme d'armes dépendoient en partie des qualités de son coursier. Le progrès de la Monarchie, en fixant, comme nous l'avons observé, le grand seigneur à la Cour, l'a éloigné de ses terres, où il s'occupoit de quelques objets relatifs au régime de la campagne, et où il faisoit plus ou moins d'élèves, et s'attachoit ordinairement aux chevaux de selle : son séjour à la Cour a donc infiniment nui à la perfection des haras. Il n'y a pas jusqu'à la façon de chasser qui n'ait éprouvé des changemens. Il y a soixante ans, le train des chevaux et des chiens normands suffisoit : vous n'eussiez pas trouvé soixante chevaux anglois dans tous les équipages de chasse du roi et des grands, tandis qu'aujourd'hui il n'y en a peut-être pas soixante qui ne soient anglois.

Chez nous le luxe des chevaux est destructif de l'espèce ; il n'a pour but qu'un usage inconsidéré, et nullement leur éducation. La mode, le ton, qui ont tant d'empire sur la nation, sont cause qu'on se fait une espèce de mérite de la rapidité de ses chevaux ; qu'un jeune Phaéton se croiroit humilié s'il avoit mis une minute de plus pour aller de Paris à Versailles, ou si son cocher n'avoit pas le

train le plus roulant. On ne veut pas voir
que ce train, destructeur dans tous les
pays, l'est d'autant plus en France, que
l'espèce de nos chevaux étant médiocre,
pour ne rien dire de plus, ne peut y fournir, et qu'il en détruit, par cette raison,
une plus grande quantité. Aussi Paris, la
Cour, et les écuries de nos grands seigneurs, font une immense consommation
de chevaux, plus par air que par nécessité. Chez nos voisins, ce luxe même est
productif, parce qu'il s'étend sur l'éducation des chevaux. L'Anglois ne borne
point son amour-propre à la beauté du
cheval qui est dans son écurie; il s'attache à la beauté et à la bonté de celui
qu'il a élevé et dont la perfection est due
à son intelligence et à ses soins. Il est aisé
de sentir quelle différence la diversité de
ces deux principes doit produire sur le
mérite des chevaux. Les lords et les gentilshommes anglois habitant leurs terres
et y faisant des élèves, les bons exemples
et les moyens d'amélioration sont plus
multipliés et plus près du cultivateur.

Le François n'est pas accoutumé à voir en grand, relativement au cheval; on ne paie pas en France un étalon 500, 1000, 1500 louis et plus: un François ne donne point 15, 20, 30 louis et plus pour faire saillir sa jument: un cheval de chasse ne se vend pas chez nous, entre deux particuliers, depuis 100, 150 jusqu'à 300 guinées: il ne se présente point des occasions fréquentes de disputer des prix, et presqu'à tous momens de faire des paris lucratifs et fastueux.

Le militaire qui brave toutes les incommodités à la guerre, rendu à la société, paroît avoir perdu, ainsi que le riche oisif, le caractère distinctif de son sexe et de son état, en bornant, par goût autant que par son éducation, ses plaisirs à ceux que procure la société des femmes, sa gloire aux distinctions qu'elles accordent, et son mérite à celui de leur plaire. Les femmes, de leur côté, ne montent point à cheval, ne chassent point: leurs goûts légers, la foiblesse de leur santé, la précision de leur toilette, qu'il faut imiter

pour en être bienvenu, le genre de luxe
et de mollesse, commun à l'un et à l'autre
sexe; tout écarte les hommes de cet animal, qui exige, en retour de ses importans services, des attentions et des soins
réfléchis et assidus. En un mot, le cheval est passé de mode; l'homme ne voyage
plus à cheval; un gentilhomme ne va pas
même à cheval dîner chez son voisin; les
bottes sont devenues une indécence.

L'éducation du cheval est donc entièrement abandonnée à l'habitant de la campagne, qui en général, malgré les intentions bienfaisantes du gouvernement, a
toujours été dans un état de détresse et
d'impuissance. On sent que son indigence
lui rend impossibles les avances que demande l'éducation extrêmement dispendieuse des chevaux de la belle espèce,
ce qui le réduit à la nécessité de n'en élever que de l'espèce commune et uniquement
ment propre à ses besoins. Ces animaux
se ressentent de l'état de leur maître et
du travail dont ils sont comme lui excé-
dés : ils sont maigres, petits, chétifs;

mal tenus et de mauvais ordre (11); tandis qu'ils sont gras, fleuris et bien soignés chez l'homme riche.

La dispersion des chevaux dans chaque classe de citoyens tient aux mêmes causes. Dans les écuries de l'opulence, ils sont superbes et nombreux au-delà des besoins; décharnés, difformes, et en trop petit nombre dans l'étable de là chaumière. Cette vérité d'expérience prouve encore que l'indigence du cultivateur est une cause de la disette et de l'infériorité de nos espèces; parce que le cultivateur, la classe de citoyens qui en a le plus besoin et qui seroit le plus capable de les faire naitre et de les perfectionner, en possède le moins, est privée des fonds nécessaires pour les élever, et ne peut employer que de mau-

(11) Si l'on trouve ici et dans la suite de ce Traité des articles qui, au premier coup-d'œil, pourroient paroître ne concerner que l'agriculture, je prie de faire attention que le cheval en étant un des premiers agens, tout ce qui y a rapport est nécessairement très-étroitement lié à son éducation, et par conséquent à notre objet.

vais germes à leur multiplication (12).

En résumant ce qui précède, il est facile de sentir que, si jusqu'à present le Gouvernement a travaillé sans succès à la multiplication des chevaux, c'est qu'il n'a pas fait marcher leur perfection avant

---

(12) L'état des terres tient aux mêmes principes et éprouve les mêmes effets. Bien tenues par l'agriculteur aisé, qui peut les améliorer à force de fonds, elles sont négligées, presque abandonnées par le pauvre, faute de moyens.

La pauvreté du laboureur est donc encore un des obstacles à la perfection des haras : elle engourdit toutes les facultés de son ame ; elle l'attache avec encore plus d'opiniâtreté aux routines anciennes et vicieuses dont il n'ose sortir de peur de nouvelles pertes. Son indigence n'est pas la seule cause de son attachement à des principes faux et défectueux ; c'est bien assez à ses yeux de voir annuellement un partage trop inégal du fruit de ses peines et de ses travaux, entre les besoins de l'Etat et ceux de sa famille ; il craint jusqu'à son industrie et ses découvertes, et que la meilleure partie de leur produit ne tourne au profit du fisc : il est en garde contre tout ce qui lui est présenté par le Gouvernement.

Quand j'ai fait, par essai, l'établissement du haras du Hainaut, j'ai eu beaucoup de peine à engager les paysans à amener leurs jumens aux étalons, quoiqu'on les fit saillir gratis et qu'on leur

toutes choses; parce que ce n'est que du prix et de la valeur d'une production quelconque que naît le desir de la multiplier. Il faut donc procurer à l'agriculteur, comme plus spécialement propre à cette éducation, les moyens d'opérer cette perfection,

---

offrît beaucoup d'autres avantages, parce qu'ils ne pouvoient se persuader que le Gouvernement fournît des étalons, s'il n'avoit pour but, ou de prendre leurs productions, ou de les soumettre à un impôt. Fatale défiance, qui appauvrit à la fois et les sujets et l'Etat; mais qui heureusement s'affoiblit et s'éteint tous les jours sous un Monarque juste, dont les intentions bienfaisantes ne sont pas équivoques, et qui accoutume son peuple à croire et à se fier à la parole de son Roi!

Une autre cause décourageante, c'est la durée de nos baux. Elle est si courte qu'elle ôte au fermier l'espérance de recueillir, avant la fin de son bail, les avantages que nécessitent les améliorations, dont les rentrées sont d'autant plus tardives, qu'elles ont été précédées de plus de travail et de dépenses; et quand cette instabilité ne nuiroit pas au bien des terres, elle porteroit toujours un préjudice considérable à la perfection des chevaux, en rendant incertains le placement et la conservation des races de poulinières.

La brièveté des baux empêche donc le cultivateur de se livrer à des spéculations dont la réussite dé-

en les lui offrant faciles, gratuits, ou du
moins peu dispendieux, puisqu'il est hors
d'état de faire ni spéculation, ni avances.

On peut ajouter à ces obstacles le peu
de fourrages artificiels que l'on cultive en
France, et qui, multipliés chez les étran-

pend d'un certain espace de temps. Les facultés
d'un fermier lui permettront bien quelques avances
pour fumer une terre, dont il n'attendra la récolte
que quinze ou dix-huit mois ; mais pourra-t-il faire
des clôtures, qui, avec des dépenses considérables,
exigent une quinzaine d'années pour arriver à leur
perfection ? Le propriétaire, pressé ou nécessité de
jouir, par une suite du génie national ou de l'état
de ses affaires, ne se prêtera pas à risquer, ni même à
partager les deboursés que ces changemens, quoique
très-avantageux pour lui personnellement, pourroient
demander. C'est cependant aux clôtures que tient
l'abondance des fourrages, et à l'abondance des
fourrages que tient la multiplicité et la perfection
des bestiaux, sans lesquels l'agriculture tombe dans
un état de langueur qui gagne la population. Les
clôtures sont aussi, dans les pays de pacages,
une des principales causes de l'aisance du peuple,
en ce qu'elles offrent aux malheureux plus d'objets
de première nécessité, et que les fermes en prairies
ne pouvant pas être aussi vastes que les fermes en
terres, les locations et les propriétés sont plus divi-
sées, et par-là même plus multipliées.

gers, ont aussi multiplié les moyens d'é-
ducation : ils pourroient en France produire le même effet, si on y cultivoit les
fourrages qui y sont propres (13).

Il nous reste à examiner si les haras,
tels qu'ils sont établis dans nos provinces,
ont pu vaincre tous les obstacles que nous
venons de passer en revue.

---

(13) L'expérience apprend que les fourrages en
grains sont les plus succulens, ceux qui ont le plus
d'élasticité. Pour s'en convaincre, il suffit de les
analyser; l'avoine est plus élastique que le foin, que
le trèfle, la luzerne, le raygra, le sainfoin, etc.
l'orge l'est plus que l'avoine et l'hivernage; les pois,
les féves le sont plus que l'orge; la lentille des campagnes l'est plus que les autres fourrages. A juger
de la valeur des nourritures par la température des
climats qui influent sur la qualité des productions,
l'herbe en Asie doit être à-peu-près au degré de notre
avoine, et l'orge doit être au-dessus de la lentille.
La culture et l'emploi sagement administrés des
fourrages de campagne en grains, seroient donc un
moyen de multiplication et de perfection, si on cherchoit à approcher avec ménagement des qualités des
nourritures de l'Asie. Le climat de certaines provinces de la France ayant plus de rapport à celui
de l'Asie, que celui de nos voisins, nous pouvons
nous procurer encore l'avantage d'avoir des fourrages de campagne supérieurs aux leurs.

SECTION III.

Des principaux vices de nos Haras.

LE terme de haras doit être pris ici dans le sens qui est uniquement relatif à l'éducation publique, à celle qui se fait par les ordres et avec les moyens fournis ou autorisés par le Gouvernement. Ceux-là sont seuls l'objet de nos réflexions, et nous ne nous arrêterons pas aux haras qui appartiennent à des particuliers. Ils sont peu nombreux, peu considérables, et n'étant pas plus parfaits que les autres, leur utilité est médiocre. Ce que l'on appelle haras en France et ce qui fait l'objet de cet article, sont donc des établissemens appartenans au Roi, où il y a des étalons et des jumens réunis dans un même emplacement, employés à la multiplication de l'espèce, et dans lesquels se trouve aussi un certain nombre d'étalons entretenus aux frais du Roi, pour le service des Jumens des Ecclésiastiques, des gentilshommes

tilshommes , et des autres propriétaires
voisins de ces établissemens. La partie de
l'administration de ces haras , qui se rap-
porte à l'éducation intérieure , ne paroît
pas avoir été dirigée uniquement vers
l'objet essentiel : on ne s'est pas proposé
pour seul but d'y créer , d'y élever des
étalons ; ou si l'on a eu réellement cette
grande vue , on n'a pas employé le véritable, le seul moyen de la remplir , moyen
qui n'existe nulle part dans l'univers , mais
qu'il dépend de l'homme de créer. Tous
ceux qu'on a voulu lui substituer , faute
de les connoître , ont été insuffisans , et
devoient l'être : la pratique a toujours été
vacillante et incertaine , parce qu'elle n'é-
toit pas prise dans la marche de la nature.
On employoit des étalons de tous les
pays , de toutes les espèces ; on croyoit
croiser , recroiser les races , et au contraire on les décroisoit , on les décompo-
soit ; on introduisoit d'autres jumens que
les élèves faites dans les haras : toutes
les races étoient dans la confusion : il se
faisoit un mélange de sang mal combiné ;

D

dont il ne pouvoit résulter des êtres propres à perfectionner leur espèce. Aussi les haras, quoique très-coûteux (14), ont été loin de produire l'effet et les avantages qu'on en auroit pu attendre, même avec l'espèce d'étalons dont on faisoit usage.

Ce qu'on nomme encore haras dans beaucoup de provinces, sont un certain nombre d'étalons fournis par le Gouvernement, achetés ou élevés par des paysans, présentés à l'administration des haras, et par elle approuvés. Ces derniers, les plus nombreux, sont nécessairement de mauvais germes, puisqu'il n'en existe point de bons en Europe, et qu'en général ils sont de l'ordre commun de ceux qui s'y trouvent. Le mauvais choix des étalons provient aussi de l'abus des protections, de la molle complaisance des sous - ordres qui font recevoir et placer les étalons, moins sur le mérite de leurs

---

(14) Le mémoire destiné pour le Gouvernement fournit la preuve que chaque cheval, élevé dans un grand haras, coûte plus de 6000 liv.

qualités , que par égard pour les recom-
mandations.

Si dans le nombre de ceux qui sont
agréés, il s'en trouve d'une belle figure,
il est rare que leur conformation soit ré-
gulière : ou ils sont trop fins et peu solides, ou ils sont trop matériels. Les fermiers chez lesquels ils sont placés, ne les
prennent que pour jouir des priviléges
attachés à leur entretien, puisque l'on ne
voit pas qu'ils s'appliquent à former
de bons élèves, même pour leur usage
personnel, et qu'ils ne réservent point
les meilleurs pour en perpétuer la race,
qu'ils ne se donnent jamais la peine de
suivre dans le progrès de ses générations.
Aussi ne font-ils aucune spéculation sur
cet objet de commerce , ou leurs spéculations sont si foibles et si peu justes,
qu'ils ne peuvent en établir un qui soit
de quelque importance. Les jumens que
l'on donne à ces étalons leur sont encore
inférieures, mal assorties, défectueuses,
excédées de travail, et nécessairement mal
gouvernées, ainsi que leurs poulains, par

ces fermiers mal-aisés qui, ne regardant leurs chevaux que comme des bêtes de peine et de fatigue, n'en ont que la quantité juste pour le besoin de leur culture et de leurs affaires ; ce qui fait qu'il ne sort de ces établissemens que des avortons et des productions vicieuses et rares.

Et quand même les étalons seroient bien choisis, beaux et bien gouvernés, de pareils établissemens réussiroient toujours mal, faute de prendre, ni précautions, ni moyens pour conserver les pouliches et créer des races de poulinières, tandis que la perfection dès jumens est aussi essentielle, pour ne pas dire plus, que celle des étalons mêmes. Les paysans, d'après leurs principes et leurs besoins, vendent ce qu'ils ont de plus beau en mâles et femelles, et n'ont jamais à conduire à l'étalon que des poulinières imparfaites et vicieuses. Ces abus, qui ont pris naissance avec les haras, se sont perpétués jusqu'à présent ; et comme ils se renouvellent nécessairement tous les ans, on recommence tous les ans tous les établissemens de haras comme on a fait la première année, et on ne finira pas de les recommencer tant qu'on suivra les mêmes principes.

Point de moyens employés pour exciter l'intérêt, faire naître l'émulation, éveiller et tourner au bien l'amour-propre d'une nation qui en est susceptible ; et si ces utiles sentimens pouvoient prendre racine dans l'indigence qui les éteint, il faudroit veiller encore sur le danger de les voir étouffer par les autorités subalternes, qui pèsent de préférence sur le cultivateur infortuné.

On confond dans les mêmes pâturages l'éducation d'espèces différentes; le choix des étalons est abandonné aux caprices et aux demi-connoissances des propriétaires des jumens ; ils les mènent à des étalons qui ne leur conviennent point, et s'obstinent à nourrir des chevaux d'espèce trop opposée à la nature des herbages et du climat, ce qui fait naître une multitude d'animaux mal conformés, et dans lesquels toutes les qualités propres

à une espèce distincte ne peuvent se ras-
sembler (15).

Une autre cause qui vient se joindre
aux précédentes pour décréditer nos chevaux, c'est que le Roi en monte peu de
françois, d'où naît le préjugé que nos
races sont très-inférieures à celles des
étrangers, et que notre sol est ennemi
de leur éducation : autrement pourquoi
éleveroit-on, même dans les haras du
Roi, si peu de chevaux pour son usage?

---

(15) En disant qu'il faut former soigneusement,
pour chaque province, les races des chevaux analogues à ses besoins, j'ai cru superflu d'observer
que dans les sept huitièmes de la France, les terres
sont, en tout ou en partie, labourées par des chevaux de toutes les espèces et de toutes les tailles;
qu'il n'y a que le cheval de course et celui de ma-
nége qui, peut-être, ne pourroient pas être employés à cet usage; et que chez un paysan il naîtra d'une jument attelée à sa charrue, quand elle
sera de race perfectionnée, des chevaux de chasse,
de guerre, de voyage, d'attelage et de tirage, de la
plus superbe tournure et de la meilleure qualité.

D'ailleurs, on se flatteroit en vain que le laboureur, qui emploie ses chevaux à sa culture, con-
servât des jumens uniquement réservées à donner
des poulains : on a vu que sa situation s'y refusoit.

C'est ainsi que raisonne le préjugé formé sur des apparences spécieuses, et secondé par le penchant naturel de la nation à imiter son maître.

Je ne parlerai pas des vices intérieurs de l'administration générale des haras : cet objet, quoique important pour leur succès, n'a qu'un rapport éloigné avec la pratique qu'exige l'éducation des chevaux ; mais je persiste à soutenir que du peu de réussite de nos haras est née l'espèce d'apathie de la nation pour les chevaux ; l'indifférence avec laquelle elle regarde cet animal précieux ; la disette de connoissances du François en général sur les chevaux ; son préjugé, aussi enraciné qu'il est faux, que le sol et les pâturages de la plus grande partie de la France s'opposent à leur perfection, préjugé dans lequel on ne persévère que parce qu'il semble justifié par l'expérience. Un autre préjugé dont la nation est imbue, c'est la fausse opinion que les étalons barbes, espagnols, et des autres pays chauds dont nous nous sommes servis, ont gâté plusieurs de nos races, parce qu'ils n'ont point donné à la première génération des productions utiles : cette opinion est née de l'ignorance d'un premier principe fondamental des haras, savoir, qu'il faut; pour réussir avec ces sortes d'étalons, leur faire former des races de jumens qui leur soient analogues; où plutôt, ainsi que nous allons l'expliquer, les étalons des pays chauds ne doivent être employés qu'à former des germes mâles et femelles. Avec ces germes il est possible de créer toutes les différentes races nécessaires dans les provinces du royaume.

Il est encore un abus qui a décrié de plus en plus les étalons des pays chauds; c'est l'usage où l'on est en France de faire hongrer les chevaux : on a soumis à cette opération les premiers enfans de ces étalons, et ils ont sur le champ perdu l'agrément, la pompe et la vigueur qui auroient fait partie de leur caractère primitif. L'animal hongre n'a plus été ni agréable, ni utile; parce que d'un côté, on lui avoit ôté ce qu'il tenoit directement de son père,

et que de l'autre, sa race n'étoit pas assez finie dans notre climat pour en avoir
pris les propriétés ; mais le cheval de la
troisième ou quatrième génération , qui ,
par conséquent , auroit alors atteint le
caractère du cheval d'Europe, auroit souf-
fert , sans le même inconvénient , la cas-
tration , et seroit resté cheval utile. On le
répète et on le prouvera , l'étalon des pays
chauds ne peut être employé en France
à donner des poulains de service ; il ne
doit l'être qu'à fournir les germes avec lesquels on fournira les races de service.

Nous terminerons ce tableau des vices
de nos haras , par en exposer un des plus
considérables.

C'est que ce grand objet, dans un grand
Etat tel que la France, n'est point traité
en grand : les haras ne sont composés que
des parties isolées et décousues ; les limites
non-seulement d'une province , mais d'une
infinité de petits arrondissemens , forment
autant de lignes de démarcation qui les
séparent entièrement ; ils ne sont jamais
vus dans tout leur détail par l'administra-

tion ; il en est fait un simple rapport au directeur général; ce rapport est le résultat du travail d'agens très-dispersés , chargés d'une partie de cette administration dans les provinces, sous les ordres de différentes autorités. Il se trouve de ces agens qui n'ont pas les connoissances nécessaires, et trop peut-être qui , n'ayant que leur intérêt personnel en vue , ont besoin d'être surveillés par une administration ferme et éclairée : ceux même qui sont exempts de tout reproche , ne pouvant voir qu'en petit, n'apercoivent ce qui les regarde que sous le coup-d'œil relatif à leur arrondissement très-borné , et souvent d'après les intentions des autorités auxquelles ils sont soumis : ces autorités , toutes occupées des avantages du département qui leur est confié, pourroient, avec les intentions les plus bienfaisantes , nuire , sans le vouloir , à la marche générale des haras dont les soins et les connoissances approfondies , qui se rapportent à son ensemble, ne font pas leur objet spécial. Mais elles ne seront pas plutôt instruites et persua-

dées de l'importance du plan général, de
la nécessité du concours et de l'unité dans
ses moyens, des vues du Gouvernement
dont elles sont les coopératrices, qu'elles
s'empresseront de subordonner leur zèle,
pour leur département, au besoin du systême universel ; qu'elles régleront sur ce
point de vue. l'action ou l'Inaction des
subalternes, convaincues que le bien général du royaume ne peut s'opérer, sans
que la portion sur laquelle elles veillent
n'en partage et n'en recueille les fruits
dans la multiplication d'une espèce dont
l'utilité et la nécessité sont universelles
et ne souffrent d'exception nulle part. Cependant quoique l'éducation des chevaux
paroisse tenir à une multitude d'objets
locaux, elle exige bien plus encore un rapport, une unité de pratique universelle,
un ensemble bien combiné, qui, dans la
forme actuelle, ne peut exister.

Les haras, objets si essentiels dans une
monarchie aussi vaste que la nôtre, ne
doivent former qu'une seule machine dont
tous les ressorts se répondent entre eux,

ne reçoivent qu'une·impulsion forte et
unique, et ne puissent agir les uns sans les
autres. La jument du pied des Pyrénées
ne doit point être saillie sans que la copulation ait un rapport direct et essentiel
avec la copulation de celles des bords de
la Manche.

On le répète, et on ne sauroit trop le
redire, c'est en grand que doit être traité
un grand objet dans un grand Etat.

Mes intentions et mes vues seroient in-
terprétées bien malheureusement, si l'on
cherchoit à voir un esprit de censure et
de personnalité dans cette indication générale de nos fautes. Ce seroit en moi une
mal-adresse et une inconséquence d'autant
plus ridicules, qu'en voulant blâmer la
conduite des personnes chargées des haras, le blâme retomberoit sur moi-même,
puisque je suis tombé dans les mêmes
erreurs. J'ai imaginé que je pouvois faire
des élèves d'une bonne et d'une belle qualité en me servant des étalons actuellement
employés en Europe et des jumens-étran-
gères ; et j'en ai fait l'essai. Ce n'est que

l'expérience malheureuse, cent fois plus instructive que des succès apparens, qui m'a éclairé à mes dépens, m'a conduit à rechercher la source de mes pertes, et m'a forcé à une étude approfondie des vrais principes et de la route que suit la nature. Et malgré la conviction où je suis du vice radical de l'ancienne routine, je la suis encore, comme les autres, dans le haras public que je régis, et je suis condamné, comme eux, à l'emploi de ces moyens insuffisans, par l'impossibilité de choisir les véritables, qui n'existent pas encore. C'en est assez, je pense, pour m'absoudre de tout soupçon d'une basse malignité, qui s'arme du bien public pour offenser les particuliers. Loin de mêler ma voix paisible aux clameurs de l'ignorance, qui accuse les personnes préposées à l'administration que je partage, de la disette et de l'infériorité des chevaux dans le royaume, je dois me plaindre avec elles de ces reproches inconsidérés, et pour notre commune apologie, j'en appelle à l'expérience, aux observations que j'ai re-

cueillies, et à l'examen des nouveaux principes qui m'ont donné la solution de nos
disgraces dans cette entreprise, et la connoissance des moyens de les réparer avec
éclat et avec fruit. C'est le sort de l'homme
de ne trouver souvent la vérité qu'après
avoir épuisé toutes les combinaisons qui
aboutissent à l'erreur. Suis - je donc le
mortel privilégié à qui il étoit réservé de
montrer le vrai chemin , et de fixer nos
connoissances sur cet objet important?
Je n'ai pas besoin de désavouer une prétention aussi folle : mais dans les arts
usuels, dans les méthodes de pratique, la
vérité ne se donne pas toujours au génie :
elle se montre quelquefois à l'esprit patient
et laborieux, qui se donne la peine d'observer et de suivre les faits, et elle récompense son application et ses travaux. C'est-
là tout ce qui fonde mon espoir et ce qui
m'autorise à penser que mes longues observations m'ont enfin valu des notions
plus claires, plus justes et plus fécondes.
J'ose donc avancer qu'il est possible d'augmenter la perfection même de nos meil-

leures espèces : si mon opinion est fondée, et que les moyens que je vais proposer puissent contribuer à cette perfection, ils seront aisément sentis par un
Gouvernement éclairé et bienfaisant (16).

---

(16) En remarquant les différens vices qui se sont
glissés dans la pratique de la majeure partie des
haras du royaume, j'ai excepté les provinces qui
en sont exemptes, et d'où sortent nos meilleurs chevaux. Il est inutile d'observer que les termes de
beaux et de bons ne doivent pas être pris ici dans
un sens absolu, mais par comparaison avec les autres chevaux, tels qu'ils existent présentement dans
le royaume.

CHAPITRE TROISIÈME.

*Moyens généraux de multiplier et de per-
fectionner les Chevaux.*

CET objet, comme je l'ai dit, doit être
vu en grand; c'est-à-dire, non seulement
sous le coup-d'œil relatif aux haras, mais
sous ses rapports avec l'agriculture et le
commerce : et c'est sous ces différens as-
pects que je vais le traiter.

Tout ce qui existe, soit dans les ouvrages de la nature, soit dans les productions de l'art, dépend d'un premier
principe, d'une base unique, dont la perfection décide celle des parties subordon-
nées ; ensorte que ce premier principe
une fois trouvé et mis à exécution, le
reste en découle naturellement et comme
de lui-même, tant qu'il n'est pas dérangé
par des obstacles étrangers.

Dans les haras, ce premier principe,
c'est

c'est d'avoir de bons étalons et des races de poulinières perfectionnées ; avantage dont nous avons été privés jusqu'à présent, par les raisons que j'ai détaillées. Le succès de notre plan exige donc que l'on prenne les moyens les plus efficaces pour s'assurer de bons germes, et des races de poulinières qui mériteront à nos chevaux le premier rang parmi ceux de l'Europe (17).

Toutes les fois qu'il s'agit d'objets de

---

(17) Plusieurs économistes voyant, pour ainsi dire, tout en blé, ont lancé l'anathème sur le cheval, et l'ont proscrit comme un animal ennemi, qui dévoroit une partie des moissons et de la subsistance de l'homme, supposant que ces animaux doivent nécessairement, avant de nous être de quelque utilité, avoir consommé une énorme quantité de productions, qui usurpent la place des nourritures données à l'homme ; et ils ont rangé son éducation au nombre des pratiques nuisibles, qu'il falloit plutôt proscrire qu'encourager. Mais qui ne voit qu'un seul objet dans un vaste ensemble, qu'un seul anneau dans une grande chaine, donne nécessairement dans l'excès, sacrifie le tout à la partie, et passe cette juste limite en matière d'administration et d'économie, où le bien cesse d'être bien, et se change en mal. Ces Triptolèmes, trop préoccupés d'un seul

E

première nécessité pour un Etat, et que les moyens mis en œuvre ont successivement échoué contre des obstacles qui ne peuvent être vaincus que par une force majeure, il faut appuyer ces moyens du

---

principe, n'ont pas réfléchi que le cheval étant un des premiers agens de l'agriculture, étoit en quelque façon un des premiers reproducteurs des comestibles de l'homme. C'est lui qui concourt directement à la production des moissons qui nous nourrissent ; il servira, en suivant notre plan, à augmenter la masse des terres cultivées, et pour quelques brins d'herbe qui ne peuvent se consommer hors de la ferme sans nuire à sa culture, il rend à la vie animale de son maître une masse de productions nécessaires, qui, bien calculée, équivaut à vingt fois les frais de son éducation : quant au court espace de son enfance, de ses années stériles pour nous, la dépense que nous lui avançons est très-bornée, et l'on verra combien un poulain coûte peu à élever chez un fermier. Ainsi, sous le seul rapport de son usage pour l'agriculture, ses services qui sont nécessaires pour l'étendre et la féconder, nous paient encore avec usure le sacrifice de l'argent réservé pour le nourrir. Cette manière de voir et de calculer, en réduisant l'utilité de chaque individu à ce qu'elle rend en reproduction des denrées nécessaires à la subsistance d'une nation, obligeroit le militaire, le magistrat, l'ecclésiastique, le négociant, l'artiste, à quitter leurs fonctions et les arts, pour prendre la

secours de l'autorité, sur-tout s'il est possible de la combiner de façon que le bien particulier naisse du bien général : enfin, pour rendre l'exécution de ces moyens plus sûre et plus agréable', il faut pré-

bêche et cultiver l'épi qui doit lui servir d'aliment. La France est un royaume à-la-fois militaire, agricole et commerçant, et qui ne doit être dépendant de ses voisins dans aucun des objets que son sol peut produire et qui soit nécessaire aux besoins de la guerre et du commerce. Ce n'est point la consommation du cheval élevé dans notre patrie qui nous est dommageable ; c'est l'achat de tous ces chevaux intrus dans son sein, et que le luxe ou la nécessité va chercher à grands frais chez l'étranger. Ce sont eux qui sont ruineux pour nous, par la masse du numéraire perdu pour leur achat. Repoussons-les en en élevant dans notre pays. Cent pistoles conservées en tirant de notre fonds une denrée qu'on n'est plus obligé d'aller chercher au dehors, et cent pistoles qu'on fait entrer dans le royaume, en faisant sortir pour pareille somme de cette même denrée, composent au bout de dix ans une augmentation effective de richesse de 20,000 livres, qui se renouvelle et s'accroît d'une semblable somme au bout de chacune de ces époques. Ce n'est qu'en diminuant les importations et en multipliant les exportations, que la France a obtenu une balance avantageuse dans le commerce général de l'univers ; et si l'on trouve tant d'avantage à favoriser les plus petits objets qui

senter des encouragemens qui soient dans le caractère, et le goût de la nation.

D'après ces motifs, je propose :

1°. Une loi qui attache dans le royaume une certaine quantité de jumens à une certaine quantité de mesure de terre.

2°. Des haras de pépinière dans les

---

ne tiennent qu'à l'industrie, quel profit ne doit pas, à plus forte raison, rapporter une branche de commerce d'une production territoriale, pour laquelle nous dépendons des nations nos rivales en temps de paix, et nos ennemis en temps de guerre ? Le Gouvernement anglois semble menacer de mettre un impôt additionnel sur l'exportation de ses chevaux. Il se plaint d'un excès contraire à notre disette ; et quelques économistes prétendent que les propriétaires, trop encouragés par le haut prix que se vend chez eux cette espece, arrachent les épis pour semer de nouveaux pâturages. Ce seroit une raison de plus de concourir nous-mêmes à ces vues, et de hâter l'époque où nous pourrons nous passer de leurs chevaux, sans quoi ce sera nous qui paierons cet impôt additionnel. Quant aux mêmes excès d'exportations de cet animal, heureux si nous en étions à l'époque de pouvoir nous en plaindre, et dans l'obligation de la réprimer ! mais nous sommes loin de ce terme, et la France, par l'étendue de son sol et la qualité de ses terres labourables, est hors de comparaison avec l'Angleterre, et n'a point à craindre les mêmes inconveniens.

provinces du royaume où ils seront jugés nécessaires.

3°. Une éducation secondaire répandue dans tout le royaume.

4°. Une éducation auxiliaire pour les provinces où tous les chevaux ne sont pas de la taille qui appartient à leur climat.

5°. Un haras du royaume proprement dit.

6°. Des encouragemens.

7°. Et un plan de régie.

Développons chacun de ces articles séparément.

ARTICLE PREMIER.

Sur la Loi.

L'objet de cette loi sera d'attacher et d'annexer, dans tout le royaume, un certain nombre de jumens à une certaine quantité de mesures de terre, de manière que ces jumens et leurs productions femelles, dans le nombre fixé, forment un fonds absolument inhérent à ces portions de terre,

sans pouvoir en être jamais distraites ni
vendues, et soient au contraire conservées, perfectionnées et renouvelées à
jamais.

On pourra en commençant, pour la
commodité du cultivateur, accepter toutes
les jumens qui seront présentées ; parce
que, comme nous l'avons fait voir, il
n'est pas de race parmi elles qui ne soit
susceptible d'être perfectionnée.

La loi qui annexera aux terres les jumens
et leurs productions femelles, ne pourra
être la même pour tout le royaume, devant nécessairement être combinée sur
les moyens et les ressources propres à
chaque pays, et accommodée aux facultés, aux usages, au commerce et aux intérêts des peuples. Je laisserai ces distinctions aux rédacteurs de la loi, et je
me bornerai à démontrer ; 1°. que cette
loi est juste ; 2°. qu'elle est d'une nécessité indispensable ; 3°. qu'elle ne sera pas
gênante ; 4°. qu'elle importe également
au bien général et particulier ; 5°. enfin
qu'elle est d'une exécution facile.

1°. Cette loi est juste. Comme il s'é-
lève de nécessité un certain nombre de
chevaux dans toutes les provinces du
royaume, que ces chevaux sont toujours
élevés par les propriétaires et les fermiers,
et sur leurs fonds, il est de l'intérêt bien
entendu des uns et des autres, que ces
élèves acquièrent la plus grande perfection : or, en modifiant la loi de manière
à n'obliger personne d'en élever malgré
lui ; à n'annexer des jumens que sur les
terres qui ne peuvent se passer de ces
animaux pour les cultiver ; à ne fixer
aux terres qu'un nombre de jumens inférieur à celui que les laboureurs sont dans
la nécessité absolue de faire couvrir ; qu'ils
ne soient pas contraints d'en élever au-
delà de leur besoin, ni d'une espèce opposée à leurs usages et au commerce de
leur province : cette loi, loin de nuire au
propriétaire, lui procurera, pour toujours
et sans frais, une augmentation de valeur
dans sa propriété foncière : en un mot, la
loi que l'on propose ne doit avoir d'autre
but que de faire naître, sans nouvelles

dépenses et sans trop de gêne, de bons et de beaux chevaux à la place des mauvais et difformes individus qu'on nourrit actuellement.

. Examinons s'il ne se trouve pas quelques considérations qui pourroient donner une apparence de dureté à ce réglement. Il se présente quatre sortes d'objections capables de faire d'abord quelque impression, mais qui n'en sont pas mieux fondées, et qu'un peu de réflexion détruit.

La première seroit la nécessité où elle mettroit le propriétaire non cultivateur de traiter avec son fermier pour qu'il fournisse les jumens nécessaires à annexer, où de les acheter lui-même : mais cette obligation qui n'auroit lieu qu'une fois, seroit dans le fait très-peu onéreuse, puisqu'une des dispositions de la loi seroit d'accepter toutes les jumens présentées, à la seule condition qu'elles seroient saines et en état de donner des poulains. Ainsi les annexes une fois établies deviendroient un fonds toujours subsistant qui augmen-

teroit le prix et les revenus du bien avec
de très-médiocres avances.

La seconde, objection regarde le propriétaire seul , qui , cessant de cultiver
par lui-même , donneroit son bien à loyer
plusieurs années après que les jumens auroient été annexées à ses terres, attendu
qu'à cette époque il faudroit qu'il laissât
à son fermier des animaux perfectionnés
et devenus d'un grand prix. Mais dans ce
cas, ne tireroit-il pas parti de l'amélioration de ses chevaux, amélioration qui
lui auroit d'autant moins coûté, qu'il auroit fait accepter des jumens d'une foible
valeur, lesquelles se seront perfectionnées
insensiblement et sans frais ? Ainsi il re-
trouvera dans l'augmentation de sa propriété foncière , dans le produit de son
bien , dans la vente des autres animaux,
perfectionnés, indépendamment des jumens qu'il laissera à son fermier, un avantage bien au dessus des dépenses des premières jumens qui auront servi à améliorer celles qui resteront attachées à sa
terre.

La troisième est la gêne apparente que
la loi paroîtroit mettre à la liberté de la
propriété ; par exemple , dans le cas où
le propriétaire voudroit changer la nature
de son fonds , et convertir des terres labourables en vignes, bois, étangs , etc.
Mais la loi porteroit encore une exception pour ce cas , et l'obligation d'annexer seroit toujours subordonnée à la
nature du bien , selon qu'il seroit plus ou
moins propre à l'éducation des chevaux,
et n'auroit lieu qu'autant que le genre de
culture , qui resteroit toujours à la disposition du propriétaire , permettroit cette
annexe.

La quatrième objection pourroit concerner le fermier : mais, dans la vérité,
sa position n'en sera que plus avantageuse, puisqu'il jouira d'un fonds d'animaux indispensables pour sa culture dont
il n'aura point fait les avances , et dont
les productions, tant mâles que femelles,
au-delà des jumens attachées à sa ferme,
tourneront à son profit ; puisqu'en quit-
tant sa location, il ne laissera que les ani-

maux qui lui auront été confiés. Cette loi
ne sera ni moins équitable, ni plus dure
que l'obligation de rendre les bâtimens et
les terres en aussi bon état qu'il les a re-
çus. Cette institution sera même encore
plus avantageuse au fermier qu'au propriétaire, parce que dans la spéculation
d'un produit aussi incertain que l'est celui d'animaux à naître, le fermier sait
toujours faire pencher la balance de son
côté.

Ce ne sera pas non plus une innovation
dans l'ordre législatif ; elle seroit dans la
classe des réglemens sur les manufactures
du royaume, auxquelles on peut, sans for-
cer la comparaison, assimiler les haras,
puisque les unes et les autres tendent à
donner des productions utiles à l'état, et di-
gnes d'être recherchées des étrangers (18).

---

(18) Et si on vouloit comparer cette loi avec certaines lois fiscales, combien trouveroit-on plus de
justice à la première, qui ne tend qu'à perfectionner
et à multiplier un objet de première nécessité ? Elle
imposera moins d'entraves et de gêne que le vigneron
n'en éprouve pour faire ses vins, le citoyen pour

Mais une loi est-elle donc d'une nécessité absolue ? Oui : elle seule peut assurer la formation et la conservation des races de poulinières dans les lieux où elles auront été formées. Sans cette loi, ces races précieuses manqueront toujours et périront sous les obstacles que nous avons expliqués : de plus, chaque fois que le propriétaire cessera de faire valoir, que le fermier quittera sa ferme, qu'il se fera remplacer par ses enfans, qu'il ira habiter une autre province, qu'il y aura lieu à des partages, que l'arrangement de ses affaires nécessitera la vente des bestiaux, les poulinières seront exposées à être transportées dans un autre canton que la contrée natale pour laquelle elles auront été formées ; elles seront exposées surtout à être vendues ou à passer dans

---

ses consommations et le transport de ses effets, et on verra même que son exécution est moins compliquée que ne l'est la perception du plus petit droit, et qu'elle a l'avantage des institutions qui tendent au bien, dont les moyens sont ordinairement aisés, directs et simples.

des mains qui ne les emploieront pas à
la multiplication de l'espèce, et la génération commencée sera interrompue.
Comme une belle jument est nécessairement d'un grand prix, quelle que soit sa
destination, un fermier, dans la crainte
qu'elle ne devienne trop pesante, ne s'avalle et ne diminue de valeur en portant,
ne la fera point couvrir, et en hâtera au
contraire la vente, si la loi ne s'y oppose.
Ainsi, sans une loi, les races de poulinières n'existeront jamais : dès qu'elles seront interrompues, il faudra en former
de nouvelles : les jumens employées à
créer ces nouvelles générations seront de
peu de valeur, jusqu'à ce qu'elles soient
perfectionnées à leur tour. De-là, la perte
d'un temps précieux, et des dépenses considérables : infailliblement cette nouvelle
race sera sujette aux mêmes vicissitudes
et sacrifiée à la même cupidité, lorsque
l'accroissement de sa valeur présentera le
même appât à l'intérêt. Les mêmes motifs
perpétueront le même abus à l'infini. On

recommencera tous les ans les établissemens des haras sans succès, comme on a
fait depuis leur institution.

Une guerre de terre de cinq à six ans
feroit disparoître les poulinières de race,
et avec elles le fruit de toutes les dépenses
et de tant de peines, si, par une loi expresse, on n'assure leur conservation. Cinquante années suffiroient à peine pour réparer le tort que cette perte causeroit aux
haras.

Rien ne prouve mieux encore la nécessité d'une loi, que les progrès momen-
tanés et plus apparens que réels, que nos
haras avoient fait sous le ministère de M.
de Colbert. Si ces progrès ont duré si
peu et se sont anéantis d'eux-mêmes,
c'est parce que l'on n'a point renouvelé
les étalons, et que l'influence non com-
battue, non corrigée, du climat, a détruit
en peu de temps les avantages que ces
étalons avoient procurés. Et quand même
ils auroient été renouvelés, nos haras ne
se seroient pas encore soutenus, et ils n'au-

roient pas été d'une utilité générale pour
le royaume : les étalons qui n'étoient
propres qu'à ses parties méridionales,
avoient été dispersés dans d'autres provinces, et même dans les méridionales;
on n'avoit pas pris les moyens nécessaires
pour fixer et assurer dans ces cantons
les races que ces étalons pouvoient y produire. Cependant on a fait sonner très-
haut les avantages dont nos haras ont
joui pendant cette lueur si passagère de
leur apparente prospérité: on vante encore
avec emphase la beauté et l'excellence
des chevaux qui en sont sortis, le zèle
et l'émulation avec lesquels on s'est adonné
à leur éducation : on n'y avoit cependant
employé que des étalons d'Afrique et du
midi de l'Europe. Cet enthousiasme, qui
ne s'est éteint que parce que l'on n'avoit
pas pris les moyens suffisans, ni employé
l'autorité d'une loi qui ait résisté au génie de la nation, et procuré la conservation des races de poulinières, confirme
mon opinion, que de bons principes et
de bons procédés mis sous la sauve-garde

d'un réglement, nous procurerons les chevaux les plus parfaits (19).

Si la loi que nous proposons est nécessaire, elle est également facile dans son exécution.

1°. Chaque province a ses usages relatifs au nombre des chevaux qu'on y élève (20). On pourroit, dans la manière

---

(19) Je souhaite me tromper, mais je crains que les étalons Arabes, que M. Bertin a fait venir en 1779, ne fassent pas plus de bien à nos haras que les étalons barbes Espagnols, etc. qu'avoit fait venir M. de Colbert. Ils me paroissent employés sans autre but que d'en tirer des productions. Cette manière de procéder convient à un particulier qui s'amuse : mais un Gouvernement doit avoir, dans ses opérations, un plan plus vaste et général : on devroit envisager la perfection de toutes les espèces, et non pas quelques avantages locaux peu considérables, qui périront d'eux-mêmes et très-rapidement. Au reste, cette façon de voir et d'agir en grand, demande, à la tête des haras, un chef unique qui réunisse toute l'autorité. La faute n'est pas tant aux personnes chargées de cette administration, qu'au peu de justesse des principes qu'on a adoptés.

(20) Dans certaines provinces, les cultivateurs font saillir trois jumens tous les deux ans, pour entretenir un attelage de quatre chevaux : dans d'autres, l'abondance des herbages les porte à faire saillir une

d'annexer

d'annexer les jumens, consulter ces usages, ensorte que les habitudes des paysans ne fussent pas heurtées de front, et
totalement renversées.

2°. Les annexes sont déjà établies en
quelque façon dans plusieurs provinces :
en effet, il en est où les fermes sont louées
toutes montées ; à la fin du bail le fermier rend sa ferme garnie d'autant de bestiaux qu'il lui en a été loué : dans d'autres,
le propriétaire du bien donne telle quantité de bestiaux à son métayer, avec lequel il en partage le produit, et le métayer est obligé de les rendre à la fin de
son bail. On suit encore beaucoup d'autres
usages qui sont assez conformes à la loi
que nous indiquons ; et il n'y a aucune
province qui n'en ait de plus ou moins
bons sur l'éducation des chevaux. Ainsi
cette loi ne peut être regardée comme

---

quantité déterminée de jumens, afin d'avoir des poulains qui consomment les fourrages que laissent les
bêtes à cornes. Dans quelques-unes, on lâche des
étalons sur des pâturages communs avec les jumens.
D'autres cantons ont d'autres coutumes.

F

une nouveauté dangereuse, inquiétante, ou difficile à établir.

3°. Elle l'est d'autant moins, qu'il est possible de choisir, dans nos jumens existantes aujourd'hui, le nombre nécessaire pour former toutes nos races. En voici la preuve.

Supposons qu'on veuille porter ce nombre à 200,000 : cette supposition est fondée, puisqu'il est constant qu'on fait couvrir de nécessité plus de 200,000 jumens par année, pour le renouvellement des chevaux du royaume : car s'il existe en France 3,000,000 de chevaux, comme on n'en peut douter, il en faut 300,000 pour en entretenir le fonds. Pour avoir 300,000 chevaux à remplacer, il faut qu'il en naisse 4 à 500,000 ; et pour faire naître 4 à 500,000 chevaux, il faut qu'il y ait 7 à 800,000 jumens de saillies (21) : il sera

---

(21) Nous ne faisons point la déduction des chevaux qui nous sont fournis par les étrangers, parce qu'ils ne peuvent qu'affoiblir légérement nos données, sans les infirmer ; et qu'en supposant qu'il y ait quelques erreurs dans ces supputations, elles sont indifférentes, et ne peuvent jamais aller jusqu'à détruire notre système.

donc facile de trouver, dans ce dernier nombre, 200,000 jumens qui puissent être couvertes et annexées aux terres, sans le moindre tort pour le propriétaire, puisque la formation des races qui résultera de cet établissement, augmentera nécessairement sa propriété foncière.

Une dernière réflexion achevera de démontrer la nécessité absolue de former des races de poulinières ; c'est l'impossibilité d'en trouver un nombre suffisant en Arabie, et des différentes espèces qui nous sont nécessaires. Dans nos principes, les jumens arabes seroient les seules qui rempliroient notre but, si cependant les races créées dans le pays même ne leur étoient supérieures. C'est également l'impossibilité quand même il s'en trouveroit en Arabie, de fournir aux dépenses de leur achat et de leur remplacement, attendu qu'il ne suffiroit pas d'en avoir muni les haras dans le commencement, et qu'il faudroit les renouveler tout aussi exactement que les étalons, sans quoi leur premier achat seroit en pure perte. Le renouvellement des jumens, en même temps qu'il seroit plus dispendieux que la formation des races indigènes, seroit encore moins avantageux à l'espèce. La jument étrangère auroit à combattre, dans le temps qu'elle allaite et qu'elle porte, l'influence du climat ; elle sera inférieure, pour la production, à la jument n°. 7 de notre tableau généalogique, laquelle aura été perfectionnée par les générations antécédentes. C'est donc une vérité de la plus grande évidence, que ce n'est que dans le pays même qu'on peut former les races de jumens au dernier degré de bonté.

Si la loi qui annexeroit les jumens paroissoit trop despotique sur les particuliers dont les biens sont sujets à différentes variations, ou pourroit substituer à une obligation formelle, une invitation d'y soumettre les jumens qui leur seroient données par le gouvernement : ceux qui entendroient bien leur intérêt, s'empresseroient d'accepter la proposition et d'en remplir fidèlement les conditions. Ce parti, à la vérité, augmenteroit la dépense des

haras ; mais en ne donnant que des pouliches d'un an ou de dix-huit mois,
les frais n'en seroient pas considérables,
et on se procureroit insensiblement, chez
les particuliers, un fonds de poulinières
qui ne s'éteindroit jamais, pourvu toute-
fois qu'on apportât une sévère attention à
la conservation des pouliches ; car, faute
de cette surveillance, toute distribution
de jumens seroit une dépense perdue, qui
ne tourneroit qu'au profit momentané de
ceux à qui elles auroient été données ; et
il faut bien se pénétrer du principe que
c'est dans le pays même qu'il faut maintenir et assurer, par des statuts très-ri-
goureusement observés, la conservation
ainsi que la saillie des pouliches, parce
que, sans cette précaution indispensable,
il seroit à craindre qu'on ne les trans-
portât dans d'autres cantons, où, étant
saillies par des étalons créés pour les propriétés et les usages locaux de ces mêmes
cantons, elles ne donneroient que des
productions décousues, et qui seroient loin
de remplir nos vues.

On ne peut trop le répéter, il faut une loi ; mais elle doit être faite de façon à ne causer aucune gêne ni augmentation de dépense, et à nous procurer cependant des chevaux qui soient beaux, bons et de valeur ; c'est-à-dire, tout le contraire de ceux qui s'élèvent présentement, individus de peu de ressource, et dont le produit est nul dans le commerce. Le Gouvernement a le grand intérêt, l'intérêt général à la totalité de l'établissement. Celui que chaque citoyen y prend et y peut prendre, est presque nul en comparaison de son intérêt personnel ou de sa fantaisie. C'est donc au Gouvernement à assurer l'exécution des moyens qu'il emploiera, il ne peut y parvenir que par la force d'une loi.

Nous sommes persuadés que si le Roi se décide à la publier, ses heureux effets ne tarderont pas à se faire sentir dans nos haras. Peut-être l'habitant de la campagne, asservi à sa routine et à ses préjugés, la verra-t-il d'abord avec quelque inquiétude ; mais la confiance augmente de jour en jour dans le Gouvernement, dont il voit le souverain sérieusement occupé des moyens de le soulager, et mettre dans ses opérations une franchise précieuse qui calme ses anciennes inquiétudes ; ou s'il lui en reste encore, les expériences, même involontaires, qu'il fera d'abord, lui ouvriront les yeux sur ses faux principes, et lui feront adopter avec ardeur les véritables, qu'il transmettra à ses descendans, étonnés à leur tour que les anciens aient pu exister.

Ce changement avantageux ne sera pas sans exemple parmi nous. Combien d'abus ridicules détruits, d'usages funestes proscrits, de lois barbares supprimées, qui ont fait place à d'autres plus sages, plus douces, et par-là même plus efficaces, graces au génie ferme et supérieur des ministres qui ont eu le talent et le courage de résister à la tyrannie des préventions de l'habitude et de la coutume. Jamais nos haras n'ont touché de plus près à l'espérance de cette heureuse époque que dans ce moment, où un esprit de raison et d'examen commence à se porter sur cette administration parti-

culière ; où la longue expérience de tant
d'efforts malheureux force à douter des
vieilles méthodes qu'on a jusqu'ici aveu-.
glément suivies , et sollicite les lumières
et le remède.

ARTICLE II.

Haras de pépinière.

J'AI proposé des haras de pépinière ;
j'entends par ces haras, d'après leur dé-
nomination et le but de leur institution,
un certain nombre d'étalons et de jumens
réunis dans un même établissement, placés dans les différentes provinces qui y
seront propres. C'est dans ces haras que
seront élevés, et en quelque sorte créés
les étalons propres à former toutes les
races du royaume.

Ces haras sont nécessaires , 1°. parce
qu'il n'existe, chez aucune nation de l'u-
nivers , des étalons de toutes les espèces
dont nous avons besoin , et qu'il n'y a
qu'un seul bon germe dans le monde, dont
il faut approprier les émanations au sol
et au climat de ses différentes contrées.

2°. Parce que nous pouvons former en France des étalons pour toutes nos espèces, et les rendre supérieurs à tout ce qui existe et peut exister en Europe.

3°. Ce moyen est économique et certain.

Je diviserai ces haras de pépinière en haras du 1er, 2e, 3e, 4e et 5e. ordres. On verra que cette division embrasse toutes les espèces de chevaux de la France.

Le haras du premier ordre seroit placé dans les parties les plus méridionales, parce que le sol, les nourritures et le climat y ont le plus d'analogie avec la patrie du cheval.

Le haras du second ordre seroit placé à environ deux degrés (ou 50 lieues) de distance du haras du premier ordre, en remontant vers le nord.

Le haras du troisième ordre seroit de même à deux degrés de distance du second ordre.

Et les haras des quatrième et cinquième ordres, dans la même distance et la même direction, de manière que le premier ordre soit tout-à-fait au midi, et le 5e.

tout-à-fait au nord du royaume (22).

La destination des haras de pépinière étant, comme nous l'avons dit, de produire les germes précieux qui doivent, en quelque sorte, régénérer l'espèce dans toute la France, il faut qu'ils soient composés de ce qui existe de plus parfait en étalons et en jumens ; perfection à laquelle on doit travailler dès le début. Dans cette vue, il faudra que chacun de ces haras soit fixe, et que tous les animaux soient réunis dans un même emplacement ; car ce n'est que sur un nombre considérable d'individus rassemblés, que l'on a sous les yeux et que l'on peut gou-

---

(22) La France a encore, sur les autres peuples, l'avantage d'être traversée, directement dans toute sa longueur, par les lignes de latitude, et par conséquent aussi dans toute sa largeur, par celles de longitude ; position qui lui procure, aux extrémités des lignes latitudinales, les températures les plus opposées en raison de leur longueur ; et aux extrémités de chaque ligne longitudinale, la plus grande égalité de leurs températures respectives ; avantage considérable, qui facilitera les placemens des haras de pépinière, des éducations secondaires, dont nous parlerons dans la suite, et des haras du royaume.

verner à son gré, qu'il est possible d'employer tous les moyens dont dépend un succès entier.

Le climat de nos parties méridionales étant le plus analogue à la patrie du cheval, et par cette raison le plus favorable à son éducation, c'est dans le Béarn, le Languedoc, la Provence (23), le Roussillon, que doit être établi le haras de pépinière du premier ordre. Il faut donc qu'il soit formé avec des étalons Arabes de race pure, condition sans laquelle il n'y a point de succès complet à espérer. Ces étalons doivent avoir 4 pieds 8 à 9 pouces (24); il faut leur donner les plus belles jumens

_____

(23) On ne peut se persuader que dans une province aussi étendue, dont le climat est le plus favorable de la France, il soit impossible de trouver un local qui se prête à un établissement d'une aussi grande importance.

(24) Il existe des chevaux Arabes de plus grande taille; mais ils sont très-inférieurs à ceux de huit à neuf pouces, parce que cette taille est la hauteur fixée par la nature des pâturages et du sol pour former les meilleurs chevaux dans ce climat, et qu'il paroît que c'est la taille du cheval primitif.

du pays, s'il s'en trouve, sinon des Angloises, Normandes et Limosines : elles
doivent être d'environ deux pouces plus
hautes que les étalons. Par l'influence du
climat, la nature des pâturages, et l'espèce de jumens, il en doit naître des
productions de 4 pieds 9 à 10 pouces.
Ces étalons seront renouvelés par d'autres
étalons Arabes du même ordre. C'est un
principe dont il est nécessaire de ne jamais s'écarter. Les germes femelles qui
auront atteint la taille de leurs mères,
seront constamment conservés pour perpétuer les haras. Point de préférence pour
les germes qui seront devenus plus grands
que les étalons de 3 à 4 pouces, parce
que cet accroissement extrême seroit, en
quelque façon, un écart de la nature, qui
seroit sortie de ses justes proportions,
en faisant prendre à ces productions des
nuances différentes de celles qu'elle ob-
serve quand elle suit une marche réglée.
Ces germes, trop exhaussés, seroient ta-
chés, soit intérieurement, soit extérieurement, de quelques empreintes vicieuses

qui se retraceroient dans leurs enfans (25).
Les haras de pépinière devant être la
source et la première génération de nos
chevaux, on ne sauroit trop prendre de

---

(25) Je crois avoir fait une remarque essentielle,
sans cependant prétendre la donner pour indubitable,
n'ayant pas été à portée d'en suivre la preuve pendant
une assez longue expérience. Je vais la déposer ici,
pour mettre à portée de faire les observations qui
pourroient la combattre ou pourroient la vérifier :
c'est que pour former des races, il faut conserver
les individus qui ressemblent le plus parfaitement
et le plus également à leurs père et mère ; c'est-à-
dire, qui ne ressemblent pas plus, ni intérieurement,
ni extérieurement, à l'un qu'à l'autre, même à celui
des deux qui seroit le plus parfait. Cet avantage ap-
parent, loin d'être un acheminement à l'accroissement ou à l'amélioration de la race, seroit au contraire un vice essentiel de souche très-nuisible. Tout
se faisant dans la nature par des lois immuables, les
ascendans paternels et maternels devant, par une
de ces lois, contribuer par part égale au moral et
au physique de leurs productions, il en résulte qu'il
y a une imperfection dans l'ouvrage de la nature,
quand les enfans ressemblent plus à l'un qu'à l'autre
de leurs auteurs : il s'ensuit que ce germe disparate,
sortant de la juste proportion, ne peut la trans-
mettre à sa progéniture, qui se trouve viciée par un
excès quelconque. Ma remarque me paroît indiquée
par une observation dont presque tous les écrivains

précautions pour réunir, dans ce qui les compose, tous les caractères possibles de la perfection.

Les productions mâles du haras du.

---

qui ont traité de la cavalerie, ont fait mention, mais qu'ils n'ont point approfondie ; c'est que souvent un étalon, en apparence moins beau, donnera des poulains de la plus belle tournure, et meilleurs qu'un autre qui seroit d'une plus belle figure. Ils expliquent cette singularité par la conjecture que les étalons qui font des plus beaux poulains, *rappellent leur race*. Je présume au contraire, sans pourtant oser l'assurer, que cette singularité, loin d'être un retour à la perfection, est au contraire occasionnée par un véritable écart de la nature, qui, en formant l'étalon qui lui aura paru le plus beau, lui aura laissé prendre plus de l'un ou de l'autre de ses ascendans ; défaut qui l'aura rendu moins propre à la reproduction, parce qu'il n'aura pas, comme nous venons de l'observer, possédé l'égalité d'élémens respectifs et la juste combinaison qu'il devoit tenir tant de son père que de sa mère. L'étalon moins beau, dans lequel cette espèce d'équilibre se sera maintenu, aura donné des productions où il s'est retracé, ce qui les a rendus supérieurs. J'infère de-là qu'il sera avantageux de conserver, pour l'usage des haras de pépinière, les étalons qui auront la ressemblance la plus exacte avec leurs père et mère. Cette remarque s'accorde parfaitement avec notre tableau généalogique et proportionnel.

premier ordre serviront à former la pépinière du second. On leur donnera également des jumens Angloises et Normandes,
d'une classe plus forte et de deux pouces
environ plus hautes. Comme les étalons
auront 4 pieds 9 à 10 pouces, et les jumens 4 pieds 11 pouces à 5 pieds, il en
résultera des productions de 4 pieds 10
à 11 pouces. Les plus belles jumens de
ce second ordre seront conservées pour
perpétuer la race dans ce haras, et les
étalons seront constamment renouvelés
par ceux du haras du premier ordre.

Les mâles provenant du second ordre
serviront à former le haras du troisième.
En leur donnant des jumens d'un ordre
plus fort, et plus grandes qu'eux encore
de deux pouces, il en naîtra des productions de 4 pieds 11 pouces à 5 pieds. En
suivant le même procédé jusqu'à ce que
le nord du royaume soit fourni de ces
haras de pépinière, en aidant l'influence
du climat, en donnant toujours des ju-
mens plus grandes et plus fortes aux étalons, à mesure que l'on remontera vers le

nord, nos chevaux atteindront, dans toutes les parties de la France, la taille et les qualités nécessaires aux usages du pays, et ce royaume sera le seul état de l'Europe fourni d'une aussi grande variété, d'un aussi grand nombre, et d'aussi bons germes pour les haras.

On objectera peut-être, contre la démarcation des haras de pépinière et la distribution des étalons, le peu de rapport qu'il y a entre certaine espèce de chevaux du même canton, et l'espèce des étalons que nous. y destinons; par exemple, la disproportion qui se trouve entre le cheval des environs de Givet, qui a 4 pieds 6 à 7 pouces, et celui des environs de Lille, qui a 5 pieds 4 pouces, (faisant tous deux partie du cinquième haras du royaume); que, par conséquent, la même espèce d'étalons ne peut pas convenir à ces deux races. Cette objection, très-juste en elle-même, mérite qu'on s'y arrête. On se rappelle que si nous avons posé pour principe fondamental, qu'il faut fixer dans chaque climat l'éducation

de

de l'espèce de cheval auquel ce climat
est le plus analogue. Les principes que
nous avons établis auparavant prouvent
aussi que le même climat ne peut avoir
complétement deux propriétés opposées.
Il résulte donc de ces principes, que s'il
se trouve dans le même climat des chevaux de différentes espèces, c'est qu'il y
a des pâturages d'espèces différentes ; mais
comme dans ces pâturages il n'y a de véritablement bons que ceux qui appartiennent de plus près aux propriétés du climat, par la même raison il n'y a réellement qu'une seule espèce de chevaux qui
puisse appartenir décidément à chaque
climat. En effet, le cheval des environs
de Givet, qui a 4 pieds 6 à 7 pouces,
quelque soin que vous apportiez à son
éducation, sera toujours un cheval de
selle très-inférieur à celui des Pyrénées,
de 4 pieds 6 à 7 pouces, si vous donnez
les mêmes soins à l'éducation du dernier ;
parce que celui des environs de Givet
aura à vaincre les deux obstacles capitaux,
la température du climat et la qualité des

pâturages, qui, dans les Pyrénées, sont supérieurs, pour les chevaux de selle, à ceux des environs de Givet. Mais comme il seroit injuste de priver totalement les parties du royaume où il se trouve des chevaux de différentes tailles, des avantages de l'institution des haras, nous leur avons ménagé, par les éducations auxiliaires, les moyens d'améliorer les espèces dont il font usage, lesquelles ne doivent pas cependant être fort importantes ni très-nombreuses (26); parce que les différences frappantes dans les tailles des chevaux du même canton, ne se rencontrent pas dans les parties méridionales, et n'existent que dans quelques cantons du nord. Il est vraisemblable qu'elles y diminueront insensiblement, et que la taille y sera amenée, par l'effet des haras, au point que la qualité des pâtu-

---

(26) Nous négligeons absolument les extrêmes, inutiles pour le commerce et la guerre, tels que les chevaux de 4 pieds 2 à 4 pouces, qui se rencontrent dans les landes de Bretagne et dans quelques autres provinces.

rages pourra comporter : d'ailleurs , il y auroit plus que de l'inconséquence à vouloir étendre dans ces cantons une double éducation ; ce seroit même une sorte d'injustice , en ce que les parties méridionales , où il est impossible de tenter l'éducation du cheval d'attelage , seroient par là privées de l'éducation du cheval de selle, la seule qui puisse y réussir. Revenons aux haras de pépinière.

Comme chacune élevera plus d'étalons qu'il n'en faudra pour former une pépinière inférieure , le surplus sera distribué dans l'éducation secondaire du canton. Nous dirons dans l'article troisième ce que nous entendons par éducation secondaire.

Ces germes , vu leurs différentes propriétés , leur taille et leur destination , seront , chacun dans leur espèce , le plus près qu'il sera possible de la race arabe , qui est la première souche. Aucune nation ne pourroit nous en fournir d'aussi parfaits , parce qu'aucune n'a et ne peut avoir des établissemens aussi variés, aussi

parfaits que ceux que nous proposons,
quand même ils seroient formés sur un
modèle semblable, faute d'un sol aussi
propice et aussi diversifié.

Pour démontrer de plus en plus la nécessité des haras de pépinière, observons
encore que les achats d'étalons faits au
loin, comme il se pratique à présent pour
la totalité des haras du royaume, n'y in-
troduiroient que de mauvais germes, pro-
duisant des disparités de caractères et de
formes qui deviennent, dans les races,
des deffectuosités à chaque renouvellement d'étalons. Il est impossible de les
rencontrer toujours précisément avec les
qualités intérieures et extérieures requises
pour soutenir les races dans l'état spéci-
fique où on voudroit les avoir ; au lieu
que des haras de pépinière arrivés à leur
véritable point, il sortira toujours, et sans
interruption, les mêmes sortes de chevaux qui perpétueront invariablement,
dans chaque canton, les espèces qui y
seront propres.

Pour se convaincre de la supériorité

des étalons engendrés dans ces haras de pépinière, qu'on jette un coup-d'œil sur les pays dont nous pouvons en tirer.

Ce seroit une inconséquence de ne pas préférer le cheval Arabe à ceux d'Asie et d'Afrique, qui ne sont pas plus grands, ne peuvent servir qu'aux mêmes usages, et lui sont d'ailleurs très-inférieurs.

On sait que les chevaux de l'Amérique proviennent de ceux d'Europe, et il ne paroît pas que dans ce climat, peut-être favorable, on leur ait donné les soins et les attentions que ces animaux exigent; ainsi ils doivent être très-inférieurs aux Arabes : d'ailleurs, ils ne sont pas assez connus en Europe pour en prononcer définitivement. En Europe, ceux d'Angleterre sont les plus renommés, parce qu'ils sont plus près de la souche primitive. Mais leurs établissemens de cavalerie n'étant point aussi parfaits que ceux que je propose, et leur climat, dans aucune partie, ne pouvant se comparer au midi de la France, leurs étalons ne pourront jamais soutenir la comparaison avec ceux

G iij

de nos haras de pépinière, s'ils sont bien tenus.

Le nord ne pourroit fournir qu'à nos haras du quatrième ou cinquième ordre, et comme ils sont même inférieurs actuellement à nos chevaux normands de race, ils pourront encore moins approcher de ceux de nos pépinières. Il y a des chevaux en réputation dans les états des princes d'Allemagne, voisins de ceux du grand Seigneur; et si nous en achetions, ce ne pourroit être que pour nos haras du midi: mais comme ils sont loin d'égaler les Arabes, c'est encore à ceux-ci que doit rester la préférence.

Le cheval d'Espagne, qui le cède aussi à celui d'Arabie, est plus éloigné des souches premières que ne le sera le cheval petit-fils d'Arabe, élevé dans nos pépinières du second et même du troisième ordre; celui-ci doit donc être supérieur au cheval d'Espagne.

Celui d'Italie est dans le même cas.

Je pense néanmoins que l'Anglois, l'Espagnol, l'Italien et le Normand peuvent, pour le présent, faire de forts bons étalons, utiles dans certaines provinces pour les usages dont on parlera à la fin de cet article (27).

Cet aperçu suffit pour prouver qu'aucune nation de l'univers ne peut nous fournir des individus plus parfaits que ne le seront les nôtres, chacun dans leur espèce (28); parce qu'il n'est pas possible de faire couler plus directement et plus

---

(27) Les chevaux Napolitains, Barbes et Espagnols ont perdu leur renommée en France, parce qu'on les a employés sur de faux principes. J'ai cependant l'expérience qu'avec un étalon espagnol de 4 pieds 7 pouces, on peut avoir, à la quatrième génération, des chevaux de 5 pieds 1 pouce, très-beaux et très-bons : ce qui fournit la preuve qu'à défaut d'étalons Arabes, ceux des pays les plus voisins de l'Arabie sont les meilleurs pour former des races, en observant la méthode indiquée.

(28) Nulle part on ne trouvera des chevaux de 4 pieds 9 à 10 pouces, plus parfaits que ceux qui seront élevés dans nos haras de pépinière du premier ordre ; des chevaux de 4 pieds 10 à 11 pouces plus parfaits que les élèves du second ordre ; des chevaux de 4 pieds 11 pouces à cinq pieds plus parfaits que les élèves du troisième ordre ; des chevaux de 5 pieds 1 à 2 pouces plus parfaits que ceux élevés

abondamment le sang arabe dans les veines des chevaux des différentes tailles, que par le procédé que nous indiquons. Ainsi, chacun d'eux doit être regardé comme primitif dans son genre, puisqu'il n'en existera pas, et qu'il n'en pourra pas exister de plus parfait dans son espèce.

Les races de poulinières, toujours issues en ligne directe de ces étalons, et constamment conservées dans les provinces auxquelles elles conviennent, parti-

---

dans nos haras du quatrième ordre ; et des chevaux de 5 pieds 3 à 4 pouces plus parfaits que ceux de notre cinquième ordre.

Les chevaux se mesurent de deux manières, avec une chaîne et avec une potence : la potence donne la mesure exacte de la hauteur, parce qu'elle forme une ligne droite ; la chaîne, en passant sur l'épaule du cheval, y décrit une ligne ovale, et plaçant ensuite la chaîne le long de la ligne droite de la potence, l'ovale se redressant, donne une augmentation de longueur, plus ou moins considérable, dans la proportion que l'épaule du cheval est plus ou moins arrondie.

Ainsi, un cheval Navarin, mesuré à la chaîne, qui donnera environ 4 pieds 7 pouces, n'aura, à la potence, que 4 pieds 6 pouces ; un cheval de Flandre qui donnera à la chaîne 5 pieds 4 pouces, n'au-

ciperont aux mêmes avantages, et parviendront, chacune dans leur espèce, au plus haut degré de perfection, et seront aussi, chacune dans leur genre, le germe femelle primitif: on aura, par conséquent, les meilleurs genres possibles pour toutes les espèces. Parcourez tous les peuples de l'Europe; aucun ne possède, comme nous, l'avantage inestimable de pouvoir se procurer, sans exception, toutes les différentes classes de chevaux. Si l'expérience nous prouvoit la possibilité de supprimer quelques-uns de

---

ra à la potence que 5 pieds 1 pouce 6 lignes, ou 5 pieds 2 pouces au plus. On croit aussi pouvoir assurer qu'un cheval Navarrin qui a plus de 8 à 10 pouces, sort des proportions de la nature dans son climat : un Limosin au dessus de 11 pouces, un Normand au dessus de 5 pieds 1 pouce, et un cheval de Flandre au dessus de 5 pieds 2 pouces, toujours mesurés à la chaîne, sont dans le même cas. Mais entre le Navarrin et le Limosin, il y a des nuances graduelles ; elles existent de même entre toutes les autres espèces, ce qui nous fournit des chevaux de toutes les tailles. Ces nuances, qui s'établissent d'elles-mêmes, indiquent que le Gouvernement doit fixer à la rigueur la taille précise dans les points radicaux qui font les haras de pépinière, afin que rien ne puisse sortir de son véritable niveau.

nos ordres de haras de pépinière, nous rap-
procherions alors les races d'un degré. Je
ne suis même pas éloigné d'espérer que
nous les réduirons à quatre. Mais com-
mençons par établir les cinq, et atten-
dons le résultat de leur produit, avant
d'y rien changer.

Craindroit-on que la totalité des jumens provenues des étalons Arabes dans
le haras du premier ordre, perdissent, à
la deuxième ou troisième génération, l'accroissement dans la taille et l'étoffe que
nous croyons nécessaires pour préparer
les races du second ordre, et que chacun des autres haras de pépinière fût exposé au même inconvénient? Le remède
est facile. Faites passer alors du haras
du second ordre dans celui du premier,
le nombre de jumens requis pour remplacer celles qui ne seroient pas parve-
nues à la taille assignée : ce procédé, qui,
au besoin, sera pratiqué pour les autres
haras, y entretiendra aisément et à coup
sûr toutes les espèces nécessaires. Mais
on a lieu d'espérer que l'influence seule

du climat et des nourritures suffira pour
faire prendre aux productions de tous les
haras de pépinière la taille et les caractères
que nous avons indiqués ; parce que c'est
en suivant constamment cette marche que
la nature a, d'elle-même, fait prendre à
tous les chevaux de l'univers, les différentes tailles qu'ils ont atteintes dans chaque climat.

Je crois à propos de faire ici une observation essentielle sur le choix des jumens.

Les étalons des pays chauds ont en
général l'encolure, les épaules, les hanches, le flanc, moins épais que ceux des
pays froids ou tempérés ; ils ont au contraire les parties tendineuses, nerveuses
et musculeuses plus fortes et plus solides.
Ils n'ont, pour ainsi dire, de parties charnues que ce qui est nécessaire pour l'en-
veloppe et la nutrition des parties solides ;
ils ont aussi en général le sang plus vif
et plus élastique, moins d'humeurs et
de bile. C'est à ces différences qu'ils doivent ce caractère de vigueur, de courage,

ce tempérament robuste qui les distingue.
Si vous donnez à ces mâles précieux des
femelles dont les parties charnues soient
amples et épaisses , leurs productions ,
par l'effet du climat , des nourritures , et.
du tempérament des mères , ne pourront
prendre de leur père , l'empreinte de ces
traits fins , distingués et élégans , qui appartiennent aux chevaux des pays chauds ;
ou bien ces traits seront plutôt , dans
leurs enfans , des preuves de foiblesse ,
qu'une perfection dans la conformation ;
et cet inconvéniént sera d'autant plus inévitable , que la nature sera , en quelque
façon , forcée à le produire par la température du climat et le tempérament de la
jument , qui , en Europe , tendent à affoiblir les parties nerveuses et à faire croître
les chairs. Ainsi , évitez dans l'achat des
jumens de pépinière , l'excès d'embonpoint
et de matière dans l'encolure , les épaules
et les hanches ; sur-tout point de flancs
bas et avallés ; mais que le garot soit bien
relevé , les jarrets , les bras , les tendons
des jambes très - amples et musculeux ,

avec quelque chose de brillant, de doux
dans la figure et dans le caractère, indice
certain de noblesse et de fidélité dans le
moral de ces animaux. Portez la même
attention dans le choix des jumens qui
seront conservées pour soutenir les haras
de pépinière ; écartez celles qui offrent le
contraste choquant de la masse avec un
excès de finesse ; quelques belles et superbes qu'elles soient d'ailleurs, au bout
de quelques générations leurs productions
seroient nécessairement des bêtes foibles
et matérielles. C'est en partie pour avoir
négligé ce principe fondamental dans plusieurs de nos provinces, que les étalons
des pays chauds y sont déchus de leur
réputation, et soupçonnés de n'être propres
qu'à affoiblir les races indigènes (29).
— Cette observation sur les jumens conduit à une autre semblable sur les mâles.

---

(29) En recommandant d'exclure des haras de
pépinière les jumens matérielles, on n'en conclura
pas sans doute qu'il faut y employer des bêtes
sèches et décharnées par foiblesse de tempérament.

Conservez ceux qui seront les plus net-
tement et les plus fortement charpentés,
dans lesquels cette charpente offrira le
plus d'ampleur et de solidité, et donnera à l'assemblage toute la résistance et
la consistance dont elle est susceptible.
Cette structure constitue le caractère de
la véritable beauté. Rejetez donc les productions dont les traits fins, déliés et élégans, mais sans un rapport parfait avec
l'ensemble, ne forment souvent qu'une
beauté bizarre et de fantaisie. Si l'on s'é-
carte de ce principe, qu'arrivera-t-il?
qu'en voulant former des races de chevaux
pour la cavalerie, on aura des germes
hauts-montés, d'un naturel peu obéissant,
par foiblesse peut-être plus que par vice
de caractère; que dans les races d'attelage
on aura des chevaux trop fins, qui auront
plus de feu que de vigueur, dont les membres trop délicats ne pourront résister à
l'ébranlement d'un trot rapide sur le pavé,
et succomberont sous le poids d'une voiture pesante; dans les chevaux de tirage,
que des colosses chargés de chairs et

guindés sur des membres frêles, qui n'auront point la patience, le courage et la force nécessaires au travail pénible de toute une journée. Par cette faute, le cheval Arabe se décréditeroit, ainsi que ses productions, comme se sont décrédités tous les autres étalons des pays chauds. ~

Les haras de pépinière ne devant être confiés qu'à des personnes qui réunissent éminemment toutes les connoissances relatives à cette manutention, il est inutile d'entrer dans d'autres détails sur le choix des étalons et des jumens; sur la nécessité et les moyens d'assortir les figures, les tailles, les qualités, les tempéramens, de manière à ne point heurter la nature. ~Mais j'observerai que la science des chefs ~ doit embrasser plus que la connoissance des chevaux et le talent de l'équitation. Il est essentiel qu'ils soient également instruits des principes de l'histoire naturelle, et qu'ils aient l'esprit d'observation pour saisir l'ouvrage de la nature et ne jamais s'en écarter.

Si nous voulons réussir à nous préparer les germes de toutes les espèces de
chevaux, évitons encore la pratique des
Anglois, qui n'ont d'autre but que de tirer de leurs Arabes les coursiers les plus
vites, sans égard aux autres qualités.
Nous, au contraire, si nous voulons
faire produire aux étalons Arabes, par
gradation, toutes les races qui nous sont
nécessaires, il faut assortir en commençant, et toujours successivement, dans les
haras de pépinière, l'étalon le plus vîte
avec la jument la plus vîte, et de même
des autres : appariant, accordant constamment les dispositions, les propriétés,
les qualités et les caractères qui s'impri-
ment et se transmettent d'une manière
aussi prononcée que les formes extérieures, nous préparerons les germes des
différentes races que nous voudrons élever, et nous porterons chacune au degré
de perfection qui est possible.

Quand on dit de marier l'étalon le plus
vîte avec la jument qui a aussi le plus
de vîtesse, etc. on n'entend prescrire cet

accord

accord qu'autant qu'il pourra cadrer avec
le travail de la nature ; car, dès que cette
pratique lui imprimera ces différens caractères, au point d'anéantir les autres
qualités indispensables pour constituer un
bon individu ; il faudra s'arrêter et conserver seulement, dans cette race ; les qualités qui la distingueront et la caractéri-
seront de la manière la plus précise.

·· Au reste, l'avantage inappréciable qui
doit résulter de l'exécution de notre plan,
dépendra non-seulement des personnes
qui seront à la tête des haras de pépinière,
mais de la fermeté qu'on opposera au goût
léger et changeant de la nation, et sur-tout
de l'assiduité et de la constance avec lesquelles le systême, une fois adopté, sera
suivi. Nouvelle raison qui prouve la nécessité d'une loi. ·····················

· On donne aujourd'hui, et avec justice,
la préférence au cheval de race normande,
principalement pour l'attelage, sur celui
de race croisée. Il a en effet plus de solidité ; il est d'un meilleur tempérament ;
il soutient mieux la fatigue ; la force de

ses membres le fait résister plus long-
temps à l'étonnement que cause le trot
continu et rapide sur le pavé. Le cheval
de race limosine est aussi plus solide que
celui de race croisée. Quelle est donc la
cause de cette supériorité ? C'est que les
races croisées sont le produit de mauvaises combinaisons, d'accouplemens conduits par le caprice et sans principes ;
c'est que l'on n'a point observé les proportions, qu'on n'a pas nuancé les figures,
qu'on n'a mis nul accord entre les qualités et les propriétés ; c'est que l'on n'a
pas achevé les races. On a donné aux
productions d'un cheval d'Asie ou d'Afrique, un cheval d'Espagne ou d'Europe,
inférieur à leur père. Quand les races ont
été commencées , on les a interrompues:
le procédé qu'on a suivi pour les croiser,
n'a fait que les décomposer. Par exemple,
on a voulu faire naître, d'un bon cheval
espagnol avec une jument normande de
l'ordre distingué, des chevaux de carrosse
et d'attelage, sans voir que nul rapport
n'existe entre les propriétés et les carac-

tères de ces deux animaux. Cet accouplement ne devoit produire que des germes,
et non des chevaux pour cette destination.
On a aussi cherché l'élégance des figures
aux dépens d'une conformation solide; on
a voulu élever des espèces refusées par
le sol et les pâturages (3o) ; de-là cette

(3o) J'ai dit que le cheval normand est le meilleur pour l'attelage ; mais ce n'est cependant qu'une
race prodigieusement dégénérée. J'ajoute aussi que
ce sera toujours en vain que nous essaierons d'élever en Normandie des chevaux de selle. Cette vérité,
qui peut d'abord paroître contredite par l'expérience,
puisqu'il existe des chevaux normands de selle ré-
putés bons, est une conséquence des principes établis, et un peu d'attention va la rendre sensible.
Si, en effet, comme tout porte à le croire, il n'y a eu
qu'un seul premier germe créé, qui ait été intérieurement et extérieurement le modèle de tous les chevaux nés et à naître ; si ce germe réside dans les chevaux de selle ; s'il a été placé dans le climat le plus
favorable à cet animal ; si ce climat étant l'Arabie,
le cheval arabe est le plus parfait ; si l'éloignement
de la souche première, la différence des températures, des nourritures et du sol, influent désavanta-
geusement sur toutes les espèces ; plus les chevaux
s'éloigneront du climat où ils ont été créés, et de leur
première source, plus ils doivent dégénérer. Le cheval normand, quoique le meilleur que nous con-

multitude de chevaux disparates et bâ-
tards, si communs en France. Dans les
uns, le caractère et la forme du cheval
de selle sont étonnés de se trouver joints

---

noissions pour l'attelage, n'est donc qu'une espèce
dégénérée, dans laquelle se font sentir les différences
qui le séparent du cheval primitif. Mais il peut être
perfectionné, en faisant couler du sang arabe dans
ses veines par les moyens indiqués ; en consolidant,
dans sa race, les qualités propres et essentielles à
l'usage auquel on la destine, autant que le permet-
tent le climat qu'elle habite et la nature du sol et
des nourritures. En observant de lui conserver ces
qualités par des nuances ménagées avec soin et par
des proportions bien combinées , il acquerra les
qualités propres, supérieures et éminentes qui résul-
-teront nécessairement de son rapprochement possible
avec le climat arabe. Si le cheval normand est de
lui-même parvenu à être le meilleur connu pour
l'attelage, c'est une preuve sans réplique que le sol,
le climat et la qualité des pâturages de son pays,
sont , par préférence , propres à cette espèce ; et
comme le sol, le climat, les pâturages ne peuvent
avoir deux propriétés opposées, il suit de cette ex-
clusion que les chevaux d'attelage seulement, peuvent être portés , en Normandie, au plus haut degré de perfection , comme les chevaux de selle peuvent seuls être élevés avec succès dans les parties méridionales. Ainsi , quoi que vous fassiez ,
le cheval normand que vous voudrez transformer

à la tournure et aux propriétés du cheval
d'attelage ; et réciproquement dans d'autres, certaines parties appartiennent à la
tournure du cheval de selle , et d'autres

---

en cheval de selle , restera toujours inférieur à celui des parties méridionales du côté de la légèreté ,
de la vîtesse , de l'haleine ; parce que la température du climat et les nourritures sont , pour cette
espèce , très - inférieures en Normandie à celles du
midi. La supériorité du cheval de selle limosin en
est la preuve incontestable. Je pourrois pousser plus
loin les assertions , sans m'écarter de la vérité , et
affirmer qu'il n'est jamais sorti ; et qu'il ne peut
sortir que par hasard , un bon cheval de selle de la
Normandie. On ne manquera pas de m'opposer aussi-
tôt ces chevaux superbes et vantés qui s'élèvent , dans
cette province , pour les Gardes-du-Corps , qui forment , en quelque façon , une classe à part. Me par-
pardonnera-t-on, si j'ose dire qu'ils ont fait un tort
considérable à nos haras de cette province ? Le fait
est pourtant vrai. Détaillons cette espèce de cheval.
Il n'est point d'attelage , il est trop fin et n'a pas
assez de solidité : il n'est point de selle ; il n'a pas
assez d'aménité , de cadence , de ressort , ni assez de
pompe et de légèreté. Est-il cheval de chasse ? Non ,
il manque de vîtesse et d'haleine. De guerre ? Non ,
il est trop délicat , et n'est pas assez fort. Enfin , il
n'est pas non plus cheval de voyage ; car il ne résis-
teroit pas à une fatigue lente et continuelle. Il n'est ,
pour ainsi dire, rien , à force d'être tout. Il a un

H iij

parties au cheval d'attelage. On a ébauché, sans rien finir. Par conséquent, la race normande et la race limosine ayant le caractère déterminé de leur climat, ont

---

peu de la cadence du cheval de selle, un peu de la légèreté du cheval de chasse, un peu de la masse du cheval d'attelage ; mais il n'a pas complétement les caractères, intérieurs et extérieurs, spécifiques d'aucune espèce ; par conséquent il n'a aucune propriété utile qui soit distincte et achevée ; c'est un être manqué, et qui n'est beau qu'à l'œil. Cependant le haut prix de ces chevaux a, en quelque façon, établi, pour eux, une éducation particulière, d'autant plus nuisible, qu'il faut la multiplier davantage dans un pays qui a des propriétés prouvées contraires, et qu'il faut multiplier cette éducation en raison de la difficulté de trouver réunis, dans ces chevaux, l'assemblage et le genre de perfection qu'on leur suppose, et qu'on en exige. Cette opération si peu juste, ce mariage d'une espèce avec un sol qui la repousse, tandis que la nature en appelle une autre espèce analogue qui y parviendroit à toute sa perfection, prouve que nous nous donnons bien de la peine pour nous priver nous-mêmes des avantages que la nature nous offre, et qu'elle nous punit de refuser. Nouvelle preuve encore de la nécessité du concours du Gouvernement, et d'une loi sévère qui établisse dans chaque espèce et au plus haut degré, le caractère rigide et précis qui lui appartient, et qui fixe chaque espèce dans le climat et le sol qui lui sont propres.

dû naturellement être supérieures aux races croisées : observons encore que naturellement le meilleur cheval normand est d'attelage , et le meilleur cheval limosin , de selle ; ce qui indique évidemment l'espèce qu'il faut élever dans chacune de ces provinces ; et qu'en un mot , pour réussir , il faut consulter la nature et suivre pas à pas les règles qu'elle nous enseigne. Mais cette exactitude et cette précision seront toujours mal observées , tant que les haras ne seront pas conduits par une seule main ; tant que l'on n'aura pas mis des barrières insurmontables aux caprices, à l'ignorance et aux préjugés ; tant que l'administration des haras ne sera pas libre et indépendante dans ses branches les plus éloignées , et qu'elle ne pourra être traversée par des obstacles et des intérêts étrangers ; tant que l'on n'écartera pas l'intérêt personnel , toujours ennemi de l'intérêt public , par une loi sage et ferme , qui établisse une marche uniforme et réglée.

L'exemple des Anglois , auxquels nous

H iv

portons un argent si considérable ; qu'il
dépend de nous d'épargner, nous dit assez ce que nous gagnerions à former les
souches de nos chevaux avec des étalons
arabes. Arrêtons-nous un instant à con-
sidérer le résultat de leurs haras et à les
comparer aux nôtres. Leurs attelages et
leurs catogans ne valent point nos chevaux de carrosse et nos bidets normands :
mais les anglois issus d'arabes, sont
supérieurs à nos autres chevaux. Cette
supériorité des descendans de race arabe,
et l'infériorité des catogans, démontrent la
justesse de nos principes ; car l'infériorité
des races angloises, et sans mélange du
sang arabe, prouve la nécessité des soins
qu'il faut employer pour perfectionner les
races, et la prééminence du sol et des
pâturages de Normandie sur ceux d'Angleterre, et que ce n'est pas à un avantage local que cette île doit la bonté de
ses autres chevaux. Si, au contraire,
ils sont de race mélée d'arabe, il sera
aisé de voir, en suivant leur généalogie,
que leur infériorité provient du vice des

principes qu'ils ont employés dans la formation de cette race. Examinons leur procédé. Le goût national des Anglois , et
une certaine justesse de combinaisons les
ont portés vers les chevaux de course,
et ils se sont attachés à cette espèce avec
une prédilection marquée ; parce qu'elle
étoit plus propre à former des chevaux
de chasse , et à satisfaire leur goût pour
la course et les paris. Voulant faire prendre
à ces animaux toutes les propriétés nécessaires à cet usage , ils ont travaillé
sur leur forme autant que sur leur moral ; ils ont cherché à leur alonger le
corps, et on peut dire , avec fondement,
que le cheval anglois , toute proportion
gardée , est le plus long de l'Europe ; ils
ont mis ces chevaux sur les épaules , et
c'est encore une vérité qu'aucune nation
de l'Europe , ni même du monde entier,
ne les a imités à cet égard : en un mot,
leur but a été d'imprimer à leurs coursiers une rapidité inconnue jusqu'à eux.
Mais en alongeant la conformation de ces
chevaux, et en les mettant sur les épaules,

ils les ont éloignés de la tournure et des
qualités qui constituent le cheval d'attelage, lequel, dans leur système, n'est,
et ne peut être qu'un animal d'une espèce
brute, s'il est de race originaire du pays
et sans mélange; ou une espèce décousue, s'il est composé de sang arabe, parce
que, dès le principe de la création des
races mêlées, on les a éloignés, et de
la construction, et des qualités qui conviennent au cheval d'attelage. Le résultat
de cette observation est donc que leur
système est vicieux, et que leurs pâturages sont au dessous des nôtres : cependant ils ont actuellement les meilleurs
chevaux de l'Europe, preuve des avantages qui nous attendent, en suivant un
plan et une méthode encore meilleure
que ceux qu'ils emploient.

Convenons cependant que la supériorité
des attelages normands sur ceux d'Angleterre n'est pas si entière, qu'il ne se trouve
quelquefois de ces derniers qui sont préférables ; mais observons aussi que ce
sont toujours ceux dans lesquels on ren-

contre plus de vestiges du sang arabe :
les chevaux anglois de chaise et de bran-
card sont les meilleurs, et accouplés, ils
feroient de bons chevaux de carrosse ;
mais en examinant encore cette espèce
avec attention, on voit que, malgré sa
bonté, l'opération des Anglois, pour cette
classe, a été manquée dans le principe;
que ce n'est que par hasard qu'ils ont
rencontré dans les races éloignées, provenantes des chevaux mêlés d'arabes, des
individus qui se rapprochent de la tournure du cheval d'attelage ; et cette espèce
n'ayant pas été d'abord et successivement
nuancée, elle est très-rare, et la plus
grande partie des avantages qu'elle tient
(remarquons-le toujours) du sang arabe
sont perdus. Quant à nous, nous sommes
les maitres d'éviter cet inconvénient dans
la création de nos races, en suivant rigi-
dement la précision exacte que nous avons
établie pour la formation des races qui
doivent composer tous nos haras ; et par
ce moyen, la juste combinaison des formes et des caractères, des propriétés et des

qualités, s'établira et se maintiendra dans toutes les espèces. ..

:: Nos principes et ces faits concourent à démontrer que ce sont les chevaux qui ont reçu le plus de sang arabe, qui sont les meilleurs; et par le procédé que j'indique, il y aura dans les veines du cheval de Flandre même, plus de ce sang excellent que dans les chevaux d'Espagne et d'Afrique, et le cheval flamand, en acquérant de la solidité, de la force et de la vigueur, conservera toujours sa masse, sa taille, et les qualités nécessaires aux usages de son pays, et de ceux où il peut être appliqué. .

: · Presque tous les chevaux de chasse que nous fournit l'Angleterre, sont bien plus éloignés de la souche primitive que ne le seront ceux de nos haras de pépinière, même dans le nord de la France, et l'Angleterre n'en a point de plus voisins de cette souche que ceux qui sortiront de notre premier et deuxième ordre. Aucuns n'ont le degré de perfection des nôtres, faute de races de jumens perfectionnées,

comme le seront celles de nos haras, dé-
pôts permanens où se formeront, à notre
volonté, toutes les sortes de chevaux, et
où se conserveront et se reproduiront éter-
nellement des germes plus précieux, et
plus parfaits que ceux des Anglois. .

Mais cette entreprise est au dessus des
forces d'un particulier. Dans l'état présent
des choses, il est impossible au patriote
le plus riche et le plus zélé, qui voudroit
monter un haras en France, d'atteindre
au degré de la perfection possible. S'il
veut former des chevaux de selle, il ne
le peut que dans le climat propre à cette
espèce, après un temps considérable et
des dépenses au dessus d'une fortune privée. En effet, comme il n'y a point, dans
le royaume, d'étalons ni de jumens d'espèce finie, il faudroit qu'il fît venir des
étalons arabes, et qu'il formât une race
de jumens, ce qui demande un temps immense, un haras considérable et nombreux.
Supposons toutes ces précautions prises,
il sera encore fort douteux que cet établissement subsiste jusqu'à ce qu'il ait atteint

sa perfection ; son existence et sa durée dépendent de la volonté de l'instituteur, de ses successeurs, et des diverses circonstances qui font varier à l'infini les besoins et les goûts des particuliers dans la manière d'administrer leurs biens.

Il est également impossible aujourd'hui de former des haras de chevaux d'attelage d'une certaine perfection , puisqu'il n'existe point d'individus , mâles ni femelles, de cette espèce qui soient finis. Un particulier ne peut former ces races par lui-même : il faudroit qu'on commençât par en créer une première avec des jumens de taille et de qualités analogues à celles des étalons Arabes, en leur faisant prendre un degré qui les approchât des chevaux d'attelage.

De ces premières races , qui, pour être parfaites, ne peuvent être formées que dans les pays les plus méridionaux de la France, il en faut tirer une seconde et continuer ainsi par gradation. De pareilles nuances ne peuvent s'imprimer que dans les pays qui y sont propres, et dans lesquels il faut

travailler jusqu'à ce que l'on ait atteint
le dernier degré.

· Quiconque voudroit donc établir un haras de chevaux d'attelage, seroit obligé
d'avoir deux ou trois haras dans les autres
climats de la France, uniquement pour y
former les étalons qui lui seroient nécessaires. On sent, d'après ces considérations,
qu'il n'y a que le Gouvernement qui soit
en état de faire ces entreprises, dont le
succès dépendra encore de la vigueur de
son exécution. Lui seul peut établir avec
fruit les haras de pépinière et les autres
gradations qui y tiennent.

Pour nous convaincre de plus en plus
de leur nécessité, voyons ce qu'ont produit en Europe les étalons Arabes. Les
Anglois, la première nation qui en ait
fait venir, nous apprennent qu'ordinairement ce ne sont pas leurs premières productions qui deviennent ces chevaux de
chasse et de course si renommés ; ce n'est
qu'à la troisième génération qu'ils atteignent leur dernier terme ; preuve certaine

de l'avantage des haras de pépinière que
nous proposons. Ils seront une source in-
tarissable où se formeront à perpétuité les
étalons propres non - seulement à toutes
les différentes espèces , mais à soutenir
nos éducations secondaires ; autre réser-
voir où se trouveront toujours les étalons
nécessaires pour le haras du royaume,
étalons qui ne seront jamais introduits,
dans ce dernier haras ; que quand ils auront acquis le degré de perfection fixé
par la nature pour donner des productions accomplies dans chaque genre ; et
dans laquelle ils se soutiendront invariablement d'après notre plan. Il faut remarquer que les étalons qui seront employés
dans chaque haras de pépinière du second
ordre et les suivans, doivent ; par la taille
et les propriétés qu'on aura été forcé de
leur donner pour remplir notre but , être
regardés , pour ces haras, comme le sera
le cheval arabe pour les haras du premier ordre ; c'est-à-dire , comme le cheval primitif pour ces espèces, puisqu'il
. n'en

n'en existera point de plus parfait dans son genre (31).

Examinons quelles doivent être les causes physiques qui retardent jusqu'à la

---

(31) Nous avons jusqu'à présent imité le procédé d'un sculpteur chargé de faire une statue avec des membres tirés de différens marbres et façonnés par différens ouvriers ; il les assemble ; et de ces parties éparses, il ne sort qu'un tout difforme ; cependant chaque pièce, prise séparément, a paru belle ; mais elles n'avoient point les proportions et l'expression relatives l'une à l'autre : elles manquoient de cet ensemble, de cette unité qui caractérisent le beau en tout genre : en un mot, ce n'étoit pas le même statuaire qui avoit conduit tout l'ouvrage. De même, si le Gouvernement étoit le seul ouvrier de nos haras, en travaillant chaque partie lui-même, il observeroit les proportions qu'elles doivent avoir entre elles pour conserver un rapport parfait. Les haras de pépinière du premier ordre auroient les proportions et les nuances qui conviendroient aux haras de pépinière du second ; ceux-ci ne s'écarteroient pas des rapports qui conviendroient aux haras du troisième, et ainsi des autres. Les éducations secondaires seroient pareillement modelées sur les proportions précises qu'exigeroit chaque haras du royaume proprement dit, et la statue (qu'on me passe l'expression) du haras du royaume, dont toutes les parties auroient été prises dans le même bloc, et travaillées par le même maître, atteindroient la perfection.

I

troisième génération, la perfection des
productions arabes. Les étalons des pays
chauds donnent à leur postérité, plus ou
moins rapidement, le degré de supériorité dont elles sont susceptibles dans le
climat où ils sont transportés, proportionnellement à l'analogie de ce climat
avec le leur,, et des jumens avec eux.
Ainsi, le cheval arabe donnera en Perse,
avec des jumens persannes, des productions d'autant plus semblables à lui, qu'il
y aura plus de rapport entre ses qualités
et celles de la jument, entre le climat et
les nourritures de la Perse et ceux de l'A-
rabie. Telle est la cause physique qui fait
que les productions des étalons arabes
n'atteignent en Angleterrre le degré où
nous les voyons, qu'à la troisième ou quatrième génération. La nature éprouve, au
premier mélange d'un cheval des pays
chauds avec une jument des pays froids,
une secousse trop violente par l'opposition qui se trouve entre la qualité du
sang, le tempérament et le caractère des
deux individus, la température du sol et

la qualité des pâturages, pour que l'équilibre nécessaire à la formation d'un être propre au pays, puisse s'établir à la première génération. Ce n'est que par gradation que la juste combinaison des formes et des qualités peut s'établir.

Nous nous écartons ici du systême de M. de Buffon sur le croisement des races. Si nous n'avions que nos conjectures à opposer à son génie, nous n'aurions pas la présomption de lui préférer un guide aussi incertain : mais c'est le flambeau même de l'observation et de l'expérience qui, en nous conduisant, nous écarte de sa route. Cet immortel écrivain a saisi les grandes vues ; mais forcé par la vaste étendue de son plan, il n'a pu descendre dans les détails, qui souvent nécessitent des distinctions, des conséquences différentes de l'aperçu du premier coup-d'œil, et qui deviennent de la plus grande importance dans l'application des principes à la pratique : il est convaincu, comme moi, et tous les faits le prouvent, que le cheval paroît avoir une patrie, et que l'Arabie

est le climat qui convient le plus à cet
animal ; que le meilleur et le plus beau
est le cheval arabe. Mais en parlant du
croisement des races, il dit que l'alliance
de deux animaux des climats les plus op-
posés doit donner les meilleures productions ; et sa raison est que ce qui sera
en excès dans le cheval des pays chauds,
sera en défaut dans le cheval des pays
froids, et qu'il se fera alors, dans leur
union, comme une compensation du défaut et de l'excès, dont le mélange et le
résultat seront à l'avantage de l'enfant qui
naîtra de ce mariage. Il paroît croire que
dès la première génération, le mélange
de deux animaux des climats les plus contraires, doit donner la production la plus
accomplie. L'expérience combat cette opinion, et les Anglois nous la fournissent.
On a vu que leurs meilleurs chevaux ne
sont point les premières productions d'a-
rabes, et qu'ils ne sortent ordinairement
qu'à la troisième génération. L'expérience
prouve encore, pour la jument, que si
on la transporte dans un climat plus froid

que son pays natal, elle y trouve à combattre l'influence d'un climat moins analogue à son espèce ; qu'elle y pâtit pendant sa gestation, et que sa production s'en ressent : et que, par la raison inverse, la jument d'un pays plus froid gagne à passer dans un pays plus chaud. Les faits, loin d'offrir rien de bizarre et d'étrange, semblent suivre naturellement la raison et l'analogie du principe. Quel est le principe ? c'est que les climats plus chauds que froids sont les plus convenables à la nature du cheval ; que l'Arabie est la source où se forme le sang le meilleur et le plus pur. C'est donc à cette source, qui se trouve placée dans les pays chauds, qu'il faut aller puiser : tout ce qui s'en éloigne dégénère, et dégénère à proportion de son plus grand éloignement. Si le cheval des pays froids acquiert quelque perfection, il ne la doit point à l'éloignement, à l'opposition de son climat avec celui du cheval du pays chaud ; mais à la portion de sang qu'il a reçue, soit médiatement, soit immédiatement du cheval plus parfait que lui , et né sous un soleil plus direct et plus chaud. Ainsi , il résulte de l'expérience et de l'analogie , qu'il faut poser en principe fondamental , que les étalons ne doivent jamais être pris dans un pays plus froid que celui où ils seront transportés , et que les ju- mens doivent toujours passer d'un pays plus froid dans un plus chaud ; que le croisement doit consister dans l'alliance d'une race plus parfaite avec celle qu'on veut améliorer , et que cette amélioration sera d'autant plus lente, que les deux climats de chacun des individus seront plus contraires ; d'autant plus rapide ; qu'ils seront plus rapprochés et plus semblables (32) ; et elle ne tarderoit pas à se détruire par l'opposition et l'influence ir- résistible du climat, si on ne la soutenoit

---

(32) En effet , il ne paroît pas naturel qu'un che- val danois doive donner, en Perse , des productions supérieures à celles que donneroit un cheval arabe, par la seule raison que la température du climat du Danemarck est plus opposée à celui de la Perse, que ne l'est celui de l'Arabie.

par le croisement et le renouvellement des étalons, et si on ne s'assujettissoit à cette précision scrupuleuse, avec laquelle nous demandons que l'on suive nos races, mâles et femelles, par le moyen des haras de pépinière.

Si, comme nous en sommes persuadés, ce sont les chevaux de course issus d'étalons arabes, qui font prendre à certaines races de chevaux anglois, la supériorité qu'ils ont, nous devons attendre de nos haras de pépinière les mêmes avantages, et de plus grands encore, puisque la première espèce de chevaux qui y sera élevée, sera aussi des chevaux de course, et que toutes les autres seront modifiées pour les différens usages et besoins de tout le royaume, avantages précieux que les Anglois ne se sont pas ménagés dans le principe ; et cette omission, comme nous l'avons observé, a fait rester certaines espèces de leurs chevaux bien au dessous du degré de bonté dont ils paroissent susceptibles.

Il y a plus de deux cents ans que les

Anglois ont commencé à travailler leurs chevaux : il s'est écoulé plus de soixante ans avant qu'ils se soient aperçus des progrès de leur nouvelle méthode ; comme il faudra de même du temps pour que les races de jumens soient perfectionnées dans nos haras du premier ordre, pour qu'ils aient fourni les germes nécessaires à ceux du second, et ainsi de suite par gradation, jusqu'à ce que l'on soit parvenu aux éducations secondaires ; du temps encore pour que celles-ci aient fourni des races de poulinières, et que ces races de poulinières aient enfin fait prendre à nos chevaux le degré de perfection que nous désirons; il s'écoulera un laps de temps d'autant plus considérable, que cette opération embrasse chez nous la totalité de nos espèces ; par conséquent il faudra une constance et une fermeté à l'épreuve de la légèreté de la nation ; et pour remplir cet intervalle, préparer et accélérer l'exécution de ce projet, il seroit très-avantageux d'établir des haras de pépinière dans les provinces du milieu et du nord de la

France, avec des étalons anglois, italiens, normands et espagnols, qui sont les meilleurs de l'Europe. En combinant les tailles et les qualités avec les usages des ces provinces, ils commenceront avantageusement la création des races de poulinières, qui actuellement sont toutes défectueuses, mais qui, peut-être, se trouveroient au plus haut degré de perfection à laquelle il est possible à ces étalons de les porter, à l'époque où l'on emploieroit des étalons de race arabe. Ces haras d'essai auroient de plus l'avantage de disposer à la pratique du plan proposé qui seroit déja établi, et même en activité, à l'instant où l'on viendroit à faire usage des étalons arabes et de leurs descendans. Ces essais pourroient encore procurer des connoissances locales très-utiles ; et quelle qu'en fut l'issue, elle seroit toujours très-avantageuse, puisqu'elle donneroit des productions meilleures que celles qui existent, et que l'amélioration des races de poulinières, qui sera l'opération la plus longue, la plus difficile et la plus dispendieuse, se trouvera commencée.

Il y a même de la nécessité à ne pas balancer à faire ces établissemens sur le champ, si notre systême est trouvé juste, parce que les besoins de l'Etat étant pressans, il n'y a pas de temps à perdre; et parce qu'un grand établissement ne doit point être exposé, par la lenteur et les délais dans l'exécution, à l'inconstance du génie national.

On a vu que les haras de pépinière, par la multiplicité des objets qui doivent concourir à les former et à assurer leurs succès, ne peuvent être entrepris et défrayés que par le Gouvernement; mais comme il seroit impossible aux finances du Roi, de pourvoir aux dépenses qu'entraîneroit la totalité de pareils établissemens, si on les rendoit assez nombreux et assez considérables pour y faire naître et élever tous les étalons dont le royaume a besoin, nous proposons une seconde sorte de haras, sous le nom d'éducation secondaire et d'éducation auxiliaire.

ARTICLE III.

Education secondaire.

CETTE éducation sera formée dans des terrains marqués pour cet usage, et que nous indiquerons. Ces emplacemens ne doivent être sujets à aucune variation, et ils doivent avoir l'étendue, la consistance et la stabilité nécessaires pour former des établissemens qui doivent, en quelque sorte, être éternels. On y distribueroit des étalons et des jumens que pourroient fournir les haras de pépinière; on imposeroit aux chefs de ces éducations l'obligation de faire servir ces animaux à la multiplication de leur espèce, et de suppléer, avec leurs propres poulinières, au nombre de celles qui ne pourroient leur être fournies par les haras de pépinière; de conserver les plus belles femelles dans la quantité qui seroit réglée, proportionnellement aux étalons qu'ils seroient tenus de fournir aux haras du royaume, dont il va être question dans un autre article; enfin, ils seroient tenus de faire des étalons avec les poulains mâles, et de les placer et entretenir dans les terres et fermes de leurs possessions, de manière que chacun de ces étalons eût à sa portée, et fût en état de servir vingt jumens annexées aux terres, et encore cinq autres jumens des gentilshommes et autres particuliers ; ce qui en porteroit le nombre total à 250,000. (33)

---

(33) Nous réservons pour un mémoire particulier l'exposé de nos idées sur le choix des emplacemens des éducations secondaires, et sur les détails de leur manutention. Nous observerons seulement ici par avance, qu'en supposant les cinq haras de pépinière composés, le premier de 48 jumens, et les quatre autres chacun de 36, faisant en total 192 jumens et 15 étalons, et les éducations secondaires placées aux flancs de leurs haras respectifs, composées de 6000 jumens et de 300 étalons, c'en sera assez pour fournir 10,000 étalons aux haras du royaume. En effet, 192 jumens dans les pépinières, produiront 32 poulains mâles, qui suffiront pour soutenir les 300 éducations secondaires. Ces éducations, distribuées sur des lignes parallèles aux haras de pépinière dont elles dépendront, étant composées de 6,000 jumens, produiront 1,000 poulains mâles, qui soutiendront les 10,000 étalons des haras du royaume; et tous ces établissemens peuvent se monter, sans aucune dépense des finances royales, et il se fera, sur la dépense de leur entretien, une économie annuelle de deux cinquièmes, sur celle qui se fait actuellement.

A R T I C L E　I V.

Education auxiliaire.

. Les haras auxiliaires, dont nous indiquerons aussi les emplacemens, ont pour objet de ne pas priver les parties du royaume où il se trouve des chevaux qui ne sont pas tous de la taille qui appartient à leur climat, des avantages que pourroit leur procurer l'établissement des haras pour améliorer l'espèce dont ils font usage. Et comme ces chevaux ne peuvent pas y atteindre un certain degré de perfection, on se contentera, pour l'économié, d'acheter, pour ces éducations auxiliaires, des étalons dans les parties du royaume où il s'en trouvera de taille, de tournure et d'espèce convenables, dont, avec les productions mâles, on fera des étalons, qui seront, ainsi que ceux de l'éducation secondaire, placés dans le pays, et en nombre suffisant pour avoir, à saillir 25 jumens chacun.

ARTICLE V.

Haras du royaume proprement dits.

Ces haras seront formés avec les étalons provenus de l'éducation secondaire, et les jumens annexées aux terres.

Quand les jumens de ces haras auront donné des productions qui pourront les remplacer, ces productions seront substituées à leurs mères que l'on cessera de faire couvrir. Ces secondes jumens seront pareillement remplacées par leurs enfans femelles, sitôt qu'elles seront en état d'être fécondées ; et ainsi de génération en génération, jusqu'à ce que les races de poulinières aient acquis la plus grande perfection ; et à cette époque, le propriétaire sera le maître de tirer des poulains de ses poulinières, tant qu'elles pourront en produire de bons.

A l'égard des mâles, pour ne point perdre de vue, notre systême d'amélioration, on fera hongrer, sans exception, tous les poulains provenant des haras du royaume,

jusqu'à ce qu'ils aient acquis les qualités
nécessaires pour faire des étalons sans reproche ; c'est le seul moyen de soutenir
la réputation de nos haras : elle s'affoibli-
roit, si nous en laissions sortir des poulains entiers, qui ne fussent point de races
finies.

. On prendra des précautions pour assurer la conservation des étalons des haras
de pépinière, ainsi que des étalons des
haras auxiliaires, placés dans les endroits
où se fera l'éducation secondaire, et
pour en faire naître une quantité d'étalons suffisante pour entretenir les haras
du royaume. Cet objet dépend du Gouvernement, et de la loi qui annexera les
jumens aux terres et prescrira en même
temps les procédés à employer dans l'administration de détail de tous ces établissemens, ainsi que les moyens à prendre
pour en assurer l'exécution ; et ce sera
au Gouvernement à pourvoir aux frais de
ces établissemens.

On n'a pas cru nécessaire de faire
d'observation sur l'amélioration des es-

pèces de chevaux propres aux différens usages de la guerre. Il est aisé de sentir qu'en perfectionnant toutes les espèces, depuis le cheval de 4 pieds 6 pouces, jusqu'à celui de 5 pieds 4 pouces, celles qui sont nécessaires à la guerre se trouveront également perfectionnées, puisqu'elles en font partie. Mais il est essentiel d'observer que vous n'en aurez jamais une quantité suffisante, si vous n'établissez une branche de commerce d'exportation considérable pendant la paix.

L'éducation se bornera d'elle-même au nombre suffisant pour les besoins intérieurs dans les temps de paix, si on n'y trouve pas dans ce temps-là un débouché pour la vente du surplus ; et comme les besoins se multiplient en temps de guerre, vous serez toujours forcé d'avoir recours aux étrangers, pour remplir ce besoin extraordinaire, qui commencera dès la première campagne, et ne finira qu'avec la dernière. Ceci n'est point une idée systématique : nous en avons la preuve chez nos voisins. Les Allemands élèvent, en

temps

temps de paix , un excédant de chevaux , d'où résulte leur commerce con-
tinuel avec nous. Ce surplus existe encore
en temps de guerre , parce que nous n'a-
vons pas tous les peuples du nord à-la-fois
pour ennemis.

Il faut observer encore que tous les
moyens d'autorité que l'on emploieroit
pour se réserver les chevaux françois qui
sont propres à la cavalerie, seroient non-
seulement inutiles, mais très-nuisibles ,
qu'ils gêneroient , rebuteroient le nour-
ricier , et seroient capables de causer une
grande diminution dans l'éducation. Par
exemple , si on vouloit conserver pour
l'usage de la cavalerie les chevaux dont
on fait des chevaux de carrosse , il fau--
droit que le roi les payât 750 liv. ce qui
est en général le prix qu'ils se vendent
pour cet usage ; ou bien l'herbager , qui
n'en recevroit que 450 à 500 liv. cesse-
roit sûrement d'en élever ; mais , supposons que l'on parvienne à le déterminer
à élever , ou que le roi les paie leur valeur,
il n'en résultera pas moins que si vous

K

n'établissez en temps de paix une éducation qui surpasse les besoins intérieurs, vous éprouverez une disette en temps de guerre, parce qu'il vous faut un superflu qui n'existera pas. Ainsi, sans un commerce d'exportation pendant la paix, vous manquerez toujours de chevaux pour la guerre; et si vous ne perfectionnez pas toutes vos espèces, vous n'établirez jamais de commerce d'exportation, parce que les chevaux étrangers étant supérieurs aux vôtres, et à meilleur marché, vous ne pouvez soutenir la concurrence. Toute éducation locale seroit insuffisante, et ne pourroit réussir, parce que toutes nos races, ainsi que nous l'avons fait voir, sont essentiellement dépendantes les unes des autres; que nous tirons des étrangers des chevaux de toutes les sortes; que par conséquent, il faut que nous ayions des chevaux de toutes les espèces, supérieurs aux leurs, à mettre dans le commerce, et nous ne pourrons nous les procurer qu'en travaillant sur la masse générale des chevaux du royaume.

EXPLICATION DU TABLEAU GÉNÉALOGIQUE

DU HARAS DE LA FRANCE.

Les cinq Haras de pépinière formeront trois cents Educations secondaires. Les trois cents. Education secondaires formeront dix mille Haras du royaume.

A ——— Haras de pépinière du premier ordre, situé entre le 42ᵉ et le 43ᵉ degré de latitude septentrionale, et le 17ᵉ et le 23ᵉ degré de longitude.

B ——— Haras de pépinière du second ordre, situé entre le 44ᵉ et le 45ᵉ degré de latitude septentrionale, et le 17ᵉ et le 23ᵉ degré de longitude.

C ——— Haras de pépinière du troisième ordre, situé entre le 46ᵉ et le 47ᵉ degré de latitude septentrionale, et le 17ᵉ et le 23ᵉ degré de longitude.

D ——— Haras de pépinière du quatrième ordre, situé entre le 48ᵉ et le 49ᵉ degré de latitude septentrionale, et le 17ᵉ et le 23ᵉ degré de longitude.

E ——— Haras de pépinière du cinquième ordre, situé entre le 50ᵉ et le 51ᵉ degré de latitude septentrionale, et le 17ᵉ et le 23ᵉ degré de longitude.

Nᵒ 1 ——— Ligne qui désigne l'entrée des germes mâles du haras de pépinière du premier ordre, dans le haras de pépinière du second ordre.

2 ——— Ligne qui désigne l'entrée des germes mâles du haras de pépinière du second ordre dans le haras de pépinière du troisième ordre.

3 ——— Ligne qui désigne l'entrée des germes mâles du haras de pépinière du troisième ordre, dans le haras de pépinière du quatrième ordre.

4 ——— Ligne qui désigne l'entrée des germes mâles du haras de pépinière du quatrième ordre, dans le haras de pépinière du cinquième ordre.

F ——— Educations secondaires dépendantes du haras de pépinière du premier ordre, auxquelles il fournira de étalons.

G ——— Educations secondaires dépendantes du haras de pépinière du second ordre, auxquelles il fournira de étalons.

H ——— Educations secondaires dépendantes du haras de pépinière du troisième ordre, auxquelles il fournira de étalons.

J ——— Educations secondaires dépendantes du haras de pépinière du quatrième ordre, auxquelles il fournira des étalons.

K ——— Educations secondaires dépendantes du haras de pépinière du cinquième ordre, auxquelles il fournira des étalons.

Les petits points semblables à des notes de musique, désignent les haras du royaume dépendans de chaque éducation secondaire, et les étalons que chacune de ces éducations secondaires leur fourniront.

Il faut observer que les haras de pépinière vont du midi au nord, que les éducations secondaires et les haras du royaume suivent tous également la même direction.

L'affoiblissement de la couleur rouge, en passant par chaque haras de pépinière, indique la diminution de perfection du sang qui sortira de chacun de ces haras, à mesure qu'il s'éloignera de la source primitive. La couleur de l'éducation secondaire de chaque haras de pépinière est aussi légèrement affoiblie, ainsi que celle du haras du royaume par la même raison.

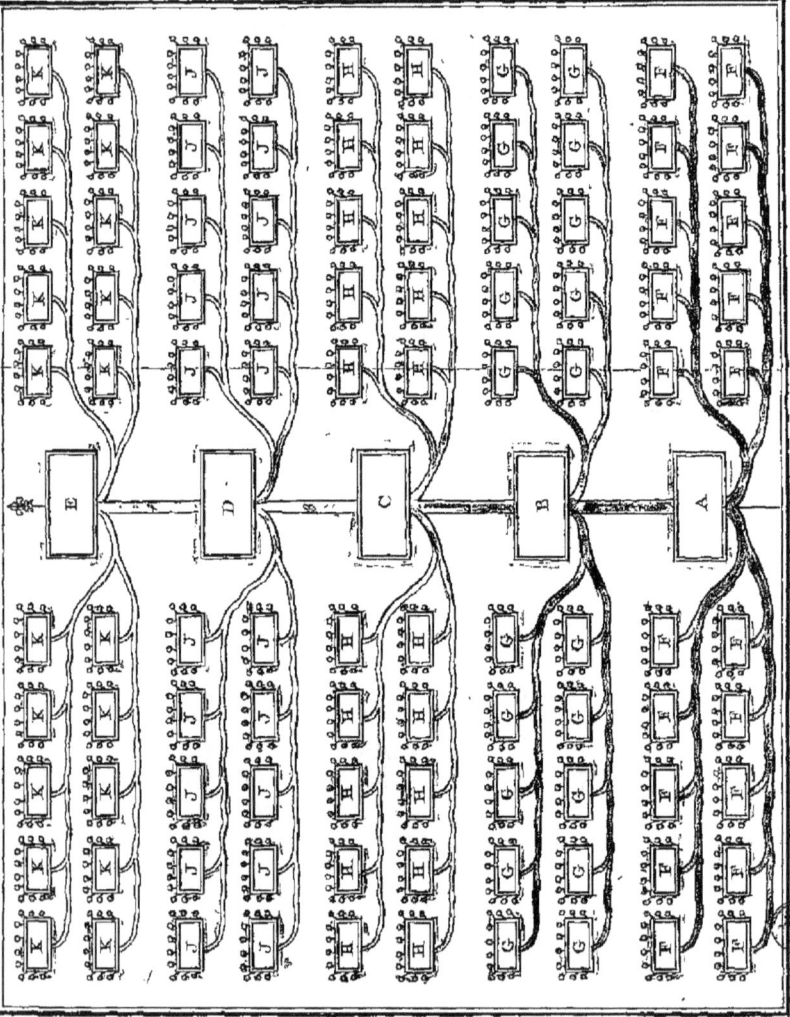

TABLEAU GÉNÉALOGIQUE DU HARAS DE LA FRANCE.

Dunkerque

Strasbourg

Mont-Louis

Brest

Ce tableau prouve que les haras embrasseront la totalité du royaume ; que les étalons qui sortiront du haras de pepinière du premier ordre, seront à la première génération d'arabe.

Ceux du second haras de pépinière à la seconde génération.

Ceux du troisième à la troisième.

Ceux du quatrième à la quatrième.

Ceux du cinquième à la cinquième.

Et qu'en observant que les étalons de chaque haras de pépinière doivent être regardés comme le cheval primitif pour son espèce, chaque espèce de chevaux qui naîtront dans chaque haras du royaume, sera à la troisième génération du cheval primitif, par conséquent au degré nécessaire pour donner des productions parfaites dans son genre ; et que les plus éloignés d'arabes, ceux du haras du royaume du cinquième ordre (de la Flandre), ne seront qu'à la septième génération d'arabe.

Est-il aucun peuple de l'Europe qui possède ou puisse posséder des chevaux aussi parfaits dans chaque espèce? Est-il aucun peuple de l'univers qui, pour chaque espèce, puisse nous fournir des étalons aussi parfaits? On peut affirmer que non, si l'on donne à nos haras les soins que nous avons indiqués. Une fois créés et formés, leur succès ne dépendra plus que des moyens qu'on emploiera pour l'assurer; mais ces moyens doivent être pris dans la nature de la chose, et aux motifs d'intérêt il faut joindre des encouragemens (34).

---

(34) Je voudrois, pour caractériser et même assurer encore davantage l'exactitude de notre opération, que le Gouvernement adoptât une couleur fixe pour chaque espèce de cheval; par exemple, le gris pour la premiere espèce, (les chevaux arabes sont assez ordinairement gris,) l'alezan pour la seconde, le bai pour la troisieme, le noir pour la quatrieme. Il seroit très-aisé de se procurer ces nuances, en plaçant six jumens alezanes dans le haras de pepiniere du premier ordré, six jumens de couleur bai dans le haras du second ordre, six jumens noires dans le haras du quatrieme ordre. Il est indubitable qu'à la longue ces différentes couleurs s'y établiroient, parce que tous les etalons qui seroient fournis aux haras inferieurs, seroient constamment de la nuance qu'on voudroit leur faire prendre.

ARTICLE VI.

Encouragemens.

CES encouragemens, dans un royaume comme la France, doivent être grands, nobles, éclatans, en quelque sorte universels ; il en faut faire une carrière d'honneur, où les prix puissent se disputer, s'il est possible, aux yeux de toute la terre, où l'amour du François pour son roi, pour la patrie et la gloire, puisse se montrer dans toute sa force : c'est ce ressort brillant dans le caractère national, qu'il faut faire agir dans tous les grands établissemens, avec toute l'énergie dont il est susceptible, et qu'il faut ranimer, s'il reste oisif et dans l'inertie.

Pour remplir ces vues, il faudroit distribuer des prix aux chevaux du royaume qui réuniroient le plus de qualités, dont l'honneur se réfléchiroit sur leurs instituteurs. On croit que cette distribution seroit faite avec discernement et justice, en suivant la marche que nous allons tracer.

On établiroit deux sortes de prix : l'un pour la beauté, l'autre pour les qualités. On dirigeroit la totalité des haras du royaume en cinq départemens, et chaque département en vingt arrondissemens, ce qui en feroit cent pour toute la France. On rassembleroit au premier avril tous les poulains de chaque arrondissement (35).

On observeroit de n'admettre dans l'assemblée que des chevaux entiers et des jumens, tous ayant l'âge de quatre ans

---

(35) Ces assemblées annuelles et fixes dans les arrondissemens, seroient des espèces de foires qui réuniroient l'avantage de faciliter aux officiers la remonte pour la cavalerie, et aux paysans, la vente des chevaux de cette classe : et par la saison, par son objet de commerce et d'utilité, par son spectacle, l'affluence ne manqueroit pas d'y être nombreuse ; elle seroit attrayante par tout ce qui peut rendre une foire utile et vivante ; par l'émulation, la curiosité, l'intérêt et le besoin d'acheter et de vendre, et de trouver à choisir entre les plus beaux animaux du canton.

révolus (36) , et on subdiviseroit ensuite ces chevaux en quatre espèces.

La première seroit des chevaux de course et de chasse.

La seconde, de guerre , de selle , de voyage et d'agrément.

La troisième , de carrosse et d'attelage. .

Et la quatrième, de tirage.

Pour séparer ces espèces , on fixeroit la taille de chacune. La première espèce seroit de quatre pieds 7 à 10 pouces ; la seconde, de 4 pieds 8 à 11 pouces ; la troisième , de 4 pieds 11 pouces à 5 pieds 2 pouces ; et la quatrième, de 5 pieds à 5 pieds 4 pouces..

J'ai fixé la taille des plus petits à 4 pieds 7 à 10 pouces , parce qu'ils peuvent rendre les mêmes services que ceux d'une taille au dessous , et qu'ayant fixé la taille des étalons du haras de pépinière du premier ordre à 4 pieds 8 à 9 pouces ,

---

: (36) La condition d'exclure du commerce les chevaux hongres, n'aura son effet que quand les chevaux seront parvenus au degré de perfection qui permettra de les laisser entiers.

les chevaux issus de ces races d'étalons
ne doivent pas naturellement être beaucoup plus petits qu'eux dans aucune partie
du royaume ; et qu'il est important de favoriser l'exhaussement de nos chevaux,
qu'on peut cependant borner à 5 pieds 4
pouces pour la plus grande espèce : ceux
d'une taille plus haute seroient des colosses dont la grandeur ne pourroit se
soutenir, attendu qu'on ne pourroit l'établir qu'en forçant la nature ; d'ailleurs un
cheval de 5 pieds 4 pouces, de bon ordre,
sera certainement aussi bon qu'un plus
grand ; le cas contraire seroit un de ces
caprices de la nature qui ne font pas
règle.

Les chevaux ainsi divisés et arrangés
par classes, on choisiroit les plus beaux
dans chacune ; ensuite on feroit courir
les chevaux de la première classe, et on
sépareroit celui qui auroit remporté le
prix de la course ; on feroit monter ceux
de la seconde classe, et on sépareroit
également celui qui auroit employé plus
de temps à parcourir un espace désigné

sans sortir de l'air du galop. On attèleroit
ceux de la troisième classe, on leur feroit
traîner au trot une voiture et un poids
quelconque, et parcourir un terrain fixé ;
celui qui arriveroit le premier seroit encore
séparé. On attèleroit ceux de la quatrième
classe à une voiture chargée ; on placeroit
des poids à différentes distances, le long de
la route que devroit suivre cette voiture,
et à mesure qu'elle passeroit vis-à-vis de
ces poids, on les jetteroit dessus. On les
attèleroit aussi à des fardeaux qu'ils ne
pourroient enlever. Le cheval qui auroit
tiré le plus grand poids, et qui auroit
montré le plus de bonne volonté pour essayer d'enlever le fardeau immobile, seroit
aussi mis à part.

Les chevaux qui auroient remporté le
prix de la beauté seroient encore admis à
concourir pour celui des qualités.

Il seroit distribué aux vainqueurs, dans
cette première lice, deux ornemens qui
seroient le symbole de leur espèce et du
genre dans lequel ils auroient excellé ; ces
ornemens seroient attachés, l'un à la tête,

en aigrette montante, et l'autre à la queue.
Les chevaux qui auroient obtenu à-la-fois
les deux prix de la beauté et des qualités,
seroient décorés de ces deux ornemens,
en signe de leur double victoire.

Ces chevaux, déjà éprouvés par cette
joûte, seroient envoyés au commencement de mai à Paris, ou en tel autre endroit désigné du royaume, où se tiendroit
l'assemblée des grands prix, comme on
envoie concourir à l'Université le petit
nombre des meilleurs sujets, choisi dans
chaque collége dont elle est composée.
Il seroit donné pour leur voyage, tant en
allant qu'en revenant, 6 sols par lieue, et
3 liv. par jour pendant leur séjour dans
le lieu de l'assemblée. Ceux qui auroient
remporté les deux prix auroient 12 sols,
et 6 liv.

Mais comme il ne sera pas possible
d'élever dans tous les arrondissemens, des
chevaux des quatre espèces, parce que
les étalons qui y seront départis, et les
jumens qui y auront été créées, ne seront
pas propres à les produire toutes, il ne

sera distribué des ornemens et fourni les moyens de se rendre à l'endroit désigné pour les grands prix, qu'à ceux des tailles déterminées pour chaque espèce.

Ces chevaux resteroient toujours séparés suivant leur classe; précaution nécessaire pour fixer à chacune une taille proportionnée, et empêcher que le caprice, la fantaisie et les faux systêmes ne tentent d'élever des chevaux d'une taille peu propre à l'emploi auquel ils sont destinés.

On indiqueroit un jour pour les grands prix. Il y auroit aussi des *accessit*.

Outre les chevaux qui auroient .été vainqueurs dans la lice de chaque arrondissement, on recevroit encore tous ceux qui se présenteroient au concours des grands prix; on inviteroit même les étrangers, sans distinction, à venir les disputer, et ils leur seroient loyalement adjugés s'ils le méritoient.

Le prix de la beauté seule seroit le moins riche; mais quand un cheval réuniroit la beauté aux qualités, les prix fixés pour chacun de ces avantages séparément, seroient alors tiercés.

Il seroit accordé des exemptions, des priviléges ou des distinctions, suivant leur rang, à ceux qui auroient élevé des chevaux victorieux aux grands prix, et ces nobles élèves seroient distingués par des ornemens.

Comme les chevaux d'une même espèce seroient trop nombreux pour les faire entrer en lice à-la-fois, on diviseroit encore chaque espèce en quatre troupes égales, qu'on feroit entrer dans l'arène l'une après l'autre. Les deux qui auront eu les prix dans leur genre seront mis à part : la même chose se fera pour chaque espèce, et le lendemain on prendra les huit vainqueurs de la veille, pour les faire concourir ensemble. De cette manière, le nombre des concurrens se trouvera, le dernier jour, réduit à trente-deux au plus ; et comme il y aura un prix et trois *accessit* à distribuer sur le même plan pour chaque espèce,

ces trente-deux concurrens seront sûrs de
ne pas sortir de l'arène, sans emporter des
preuves de leur mérite.

Je propose des prix pour chaque espèce,
parce qu'il faut perfectionner l'éducation
de toutes, puisque toutes nous sont nécessaires. Je propose des prix pour la plus
belle conformation, afin de procurer à nos
chevaux tous les genres de perfection. J'ai
proposé un prix pour le cheval qui, en
parcourant un espace désigné, soutiendra
le plus long-temps l'air du galop, parce
que ce cheval est nécessairement docile,
qu'il a la bouche assurée, les reins bons
et les jarrets excellens ; qu'il joint l'aménité à la vigueur, et qu'il est plus fait pour
la guerre, le voyage et l'agrément, que le
cheval rapide, qui est difficile à rassem-
bler, à manier, et à dresser pour les évo-
lutions militaires : le premier convient
mieux à notre équitation ; il est plus dans
le goût françois, et c'est celui qui pourroit le plus aisément faire renaître chez
nous l'attrait de l'exercice du cheval, exercice si utile à l'homme, et presque entié-

rement abandonné par toutes les personnes qui ne chassent point.

Les élémens sur lesquels on jugeroit les qualités des chevaux seroient donc :

Pour la première espèce, la légéreté, la vîtesse, le fonds.

Pour la seconde, la ressource, l'ensemble, la grace, la souplesse, la cadence, l'obéissance.

Pour la troisième, la solidité, la vigueur.

Pour la quatrième, la force, la patience, la bonne volonté.

Il paroît que ce sont les élémens qui laissent le moins à l'arbitraire, puisqu'ils sont pris dans le genre des propriétés respectives que l'on exige de cet animal.

Je propose de faire voyager dans toutes les parties du royaume les chevaux vainqueurs, parés et décorés des ornemens qu'ils auront mérités. Rien ne doit faire une impression plus sensible, et inspirer plus d'émulation à un peuple avide d'honneur et de spectacle, que ces distinctions honorables et publiques. L'espérance si flatteuse de paroître à la cour suffit seule pour éveiller les gentilshommes qui ne quittent jamais leurs campagnes, faute d'occasions de se montrer avec avantage, et sur-tout de motifs qui flattent leur amour propre. Le cultivateur, cette classe de citoyens d'autant plus essentielle, que c'est par eux seuls que s'augmentent, se régénèrent et se reproduisent les richesses réelles d'un Etat, n'a que ce seul moyen d'approcher de son prince, de jouir de sa présence, et de lui témoigner son affection et son zèle. Ce sentiment pour un François est autant et plus puissant que l'intérêt. C'est par le même principe d'émulation, que j'admets les autres peuples de l'Europe à disputer les prix, bien persuadé que le desir inné dans mes concitoyens de vaincre leurs rivaux, avancera les progrès de nos haras. Le concours des étrangers nous procurera de plus cet avantage, que les objets de comparaison n'étant pas pris uniquement dans la France, mais dans toute l'Europe, nous pourrons connoître plus surement le véritable terme de la perfection. D'ailleurs rendre ainsi le

concours universel, c'est manifester à nos
voisins la franchise et la loyauté de la nation, qui, sans égard à des petites ri-
valités, fait d'un objet universellement
utile le combat d'une noble et généreuse
émulation. C'est encore un moyen d'attirer chez nous les étrangers ; c'est établir une foire brillante, où tout ce qu'il y
aura de plus beau et de plus parfait en
chevaux se trouvera réuni, et dans laquelle
les nôtres, si nos haras répondent à nos
espérances, seront achetés à l'envi par
nos voisins, qui nous rendront enfin une
partie, au moins, des sommes considérables que nous sommes obligés de leur
porter annuellement. Craindra-t-on que
cette invitation au concours ne favorise la vente des chevaux étrangers dans
le royaume ? (supposition détruite par le
succès même de notre plan.) Mais il seroit
encore des moyens très-aisés de n'y faire
rester que ceux qui auront remporté les
prix, et qui, à ce titre, seront pour nous
des germes précieux, puisque par l'évé-
nement du concours ils auront été jugés
supérieurs

supérieurs aux élèves de nos haras, quoique parfaitement administrés.

Le roi mettroit le comble à ce zèle
patriotique, s'il daignoit honorer le concours de sa présence, ou du moins faire
paroître devant lui les chevaux victorieux,
et témoigner lui-même sa satisfaction à
leurs instituteurs. Enfin ce seroit un ai-
guillon bien plus puissant encore, si le
roi faisoit servir les vainqueurs à son usage
personnel. Faire quelque chose d'agréable
à son roi, et pour son agrément personnel, est pour le François un bonheur qui
n'est connu et senti que de lui seul, et ce
caractère distinctif est aujourd'hui dans
toute son énergie (37).

---

(37) « Le baron de Hertz-berg, ministre d'État,
« avoit fait annoncer, le 19 avril 1783, qu'il desti-
« noit cette année-là des prix à ceux des sujets de
« S. M. P. qui éleveroient des vers-à-soie. Ces prix
« consistoient en deux Fréderics d'or à chacune des
« dix personnes qui auroient, pour la première fois,
« six livres de soie et au-delà. Il s'est présenté
« vingt-six concurrens, à chacun desquels on a don-
« né la moitié du prix destiné aux dix personnes qui
« devoient être couronnées. Quatorze autres qui se

L

Les jeux olympiques des Grecs, les tournois de nos ancêtres, étoient du nombre de ces fêtes brillantes et suberbes, où l'ame s'échauffe et s'agrandit par ces tableaux vastes et majestueux, qui laissent des impressions fortes et durables, excitent et fécondent l'émulation et l'industrie. Avouons-le, notre mollesse actuelle, notre genre de luxe, notre philosophie égoïste, auroient besoin qu'on leur opposât ces grands spectales dirigés vers le

---

« sont présentés, ayant mérité des encouragemens,
« il leur a été donné des médailles d'argent que le
« ministre avoit fait frapper, pour constater l'époque
« et perpétuer la mémoire de la culture du ver-à-
« soie dans les états du Roi. Cette médaille repré-
« sente le buste du Monarque, avec cette légende :
« FREDERICUS INSTAURATOR ; et sur le revers,
« l'industrie personnifiée, filant des coques de soie ;
« elle est assise sur un mûrier, et l'on voit à ses
« pieds un panier rempli de cocons ; la légende
« porte : INDUSTRIÆ SERICÆ PRUSS. ; et on lit sur
« l'exergue : 1783. »

Quels encouragemens ne doit-on pas de préférence à l'animal qui est de moitié dans une si grande partie des besoins et des plairirs de l'homme, et dont les services en tout genre sont si supérieurs aux travaux de cet insecte utile !

bien général. Ce n'est pas un fol enthousiasme qui nous séduit, et qui nous livre
à des illusions chimériques. Nous ne pré-
tendons pas que ce concours rappelle tout
l'éclat fastueux des jeux de la Grèce, ni
tout le luxe brillant de nos anciens tournois. Il suffit à notre objet, assez grand
par lui-même, et par son importance,
de cette simplicité noble et utile, qui
peut se faire goûter d'une nation éclairée
et sensible, qui toujours cède au torrent,
et doit plus ses défauts à la légèreté, à la
complaisance, à la mode, qu'à des imperfections naturelles. Toute assemblée nombreuse éveille et met en action le génie
national. L'homme languit, s'il est isolé
et sans témoin; la moitié de son ame
et de ses facultés s'endort dans l'inaction, tant que son amour-propre ne voit
autour de lui nul objet de comparaison
et de rivalité, nul motif d'encouragement
et de gloire. Placez-le sous l'œil du public,
sous le regard de ses semblables, devant
le succès de rivaux heureux; tout son être
s'émeut, son cœur s'embrase, son imagi-

nation étincelle ; il conçoit la flamme qui
féconde et crée, et il remporte le projet et
le courage de tenter les grandes entreprises, de sonder et d'employer toutes ses
forces. Aucun peuple ne l'emporteroit à
cet égard sur le François, si les qualités
nobles et élevées, autant que douces et
honnêtes, qui le caractérisent, avoient
plus d'occasions de se déployer dans
toute leur étendue. Une assemblée où se
disputeront et s'adjugeront des prix au
mérite d'un animal qu'on aura élevé, d'un
compagnon de l'homme si utile, et généralement aimé, quoique si négligé chez
nous, par l'effet de principes faux et in-
conséquens ; cette assemblée, dis-je, sera
nombreuse, plaira à la nation et enflam-
mera le plus grand nombre de l'amour
du bien général. On peut juger de ce concours par la foule de spectateurs qu'at-
tire dans les capitales le spectacle d'un
pari, d'une course de chevaux étrangers,
objet de pure frivolité ; et l'amusement
d'un instant, sans utilité, sans intérêt
national, et où le bon citoyen est plu-

tôt attristé et humilié, en voyant sa patrie payer sans gloire le haut prix de l'animal vainqueur, qui n'est pas né dans son sein, et qui pourroit y naître. Comme on y viendra de toutes les parties de la France, que la plupart de ceux qui se présenteront auront les mœurs pures des champs, ils retourneront dans leurs provinces, épris de cette espèce d'enthousiasme qui porte au bien, et qui venant à germer et à s'étendre chez des hommes dont les occupations honnêtes éloignent le vice et la corruption, fera éclore des vues patriotiques sur les chevaux et même sur d'autres objets d'industrie et de nécessité. Je le répète, l'amour de mon sujet ne me séduit point : l'élan de mon zèle pour ma patrie ne m'entraîne point dans l'exagération. Si l'on fait attention que de nos jours aucune fête ni cérémonie publique ne rassemble, ou que bien rarement, un certaine quantité de peuple de toutes les parties du royaume ; que ces concours procureront aux citoyens sans aisance les moyens de s'y rendre, et qu'ils doivent être composés

de tous les ordres de la nation, on ne
trouvera plus sans doute rien d'outré ni
détrange dans mon idée. Les plus petits
moyens, employés à propos par un Gouvernement sage et éclairé, peuvent produire les effets les plus heureux, sur-tout
quand on saisit bien le goût et le penchant de la nation, quand les institutions
sont dirigées vers le bien public, et que
mises en opposition avec des usages nuisibles, elles peuvent les changer et les
corriger. Pourquoi donc cent assemblées
particulières dans les provinces, où assis-
teroient le commandant, l'intendant et
une partie de la noblesse, où seroient distribués les ornemens du triomphe aux chevaux vainqueurs; et ensuite une assemblée
générale sous les yeux du roi, où se trouveroient les grands seigneurs, ne produi-
roient-elles point l'effet que nous en at-
tendons?

Mais n'oublions pas que le plus grand
nombre des personnes qui s'y rendront,
n'étant pas opulentes, il en faut bannir le
luxe ruineux et humiliant, capable d'en

écarter l'honnête citoyen , qui, moins riche par sa fortune que par ses sentimens , ne sauroit s'élever au dessus de certains préjugés qu'il sait l'emporter ordinairement, aux yeux du public, sur le véritable mérite , et qui exercent leur empire jusque sur l'homme en place et de l'ordre le plus distingué. D'ailleurs, dans cette assemblée, il sera question de juger de la beauté , de la justesse des proportions du véritable roi des animaux ; et la belle nature n'est jamais mieux parée que de sa seule beauté. Il sera également question de prononcer sur des qualités auxquelles les ornemens sont tout-à-fait étrangers. Ainsi je propose de défendre l'or , l'argent , la soie, les pierreries et tout attirail de luxe sur les chevaux présentés au concours ; de laisser la liberté de natter ou de ne pas natter les crins ; et dans le cas où ils seroient nattés, qu'ils ne le soient qu'avec un ruban de filoselle ou de laine bleu de roi , de 8 lignes de large. Quant aux brides , bridons , licols, caveçons et harnois , ils ne pourront être que de cuir noir ; les boucles, de fer bronzé ; les selles, de peau passée en roussis, sans housses, chaperons ni couvertures.

Les courses et les prix ont fait naître en Angleterre une émulation qui a produit les plus grands et les meilleurs effets pour leurs haras, parce que ce moyen est dans le goût anglois. Une assemblée nationale en produiroit d'aussi bons en France, parce qu'elle développeroit l'amour du peuple pour son maître, et son attachement pour la patrie. Son amour-propre, sa vanité y seroient flattés, et son goût pour l'éclat, la nouveauté et le spectacle, ne manqueroient pas de l'y attirer.

Au reste, dans une monarchie comme la nôtre, tout ce qui a rapport aux encouragemens doit être marqué à un coin de grandeur et de magnificence digne de la nation ; et qui lui fasse honneur auprès des autres peuples de l'Europe. Ce n'est qu'en travaillant en grand, je ne me lasse pas de le répéter ; qu'on réussit dans un pays tel que la France, parce que les petits objets se perdent dans sa vaste éten-

due , n'arrêtent pas assez l'attention et
ne peuvent être assez sentis pour produire
aucun bien réel et durable ; parce que les
faveurs et les encouragemens ne sauroient
être donnés à propos, ce qui fait avorter
tous les efforts que l'intérêt légitime ou
la noble émulation peut inspirer.

Combien ces distinctions utiles et publiques , qui encouragent le particulier
sans nuire au peuple, et ne font pas de
l'honneur d'un petit nombre un surcroît
de charge pour la multitude, sont préférables à ces priviléges absurdes, ces exemptions accordées aux gardes-étalons , qui
sont les fermiers les plus riches ! Toute la
partie du fardeau commun qu'on leur re-
tranche, retombe à-plomb sur le plus mi-
sérable. Hasardons une supposition :
comptons six mille garde-étalons dans le
royaume (38) ; supposons que sur ces six

_____

(38) Cette supposition et celle que nous serons
encore dans le cas de faire , ne posent que sur des
bases fictives : nous ne nous sommes pas permis des
recherches qu'on auroit pu désapprouver ; mais le défaut de précision dans les nombres supposés ne détruit pas la justesse de la conséquence de l'assertion.

mille garde-étalons, quatre mille soient obligés d'acheter leurs étalons, et qu'ils leur coûtent 600 liv. chaque ; voilà une première dépense de 2,400,000, et une dépense annuelle, pour leur remplacement, de 240,000 liv. Supposons aussi que les avantages attachés au titre de garde-étalon, forment un objet annuel de 400 liv. par étalon , voilà une surcharge de 2,400,000 liv. pour la nation ; et cette charge est d'autant plus onéreuse, que son reflux se fait tout entier sur la classe indigente. Indépendamment de cette charge pécuniaire, il en existe d'autres plus douloureuses : celle de la corvée ; celle de la milice, qui arrache du sein d'une famille des bras nécessaires à sa subsistance, des enfans, seule consolation que la misère offre au pauvre, pour lequel les plaisirs de convention ne sont que des idées confuses. Il seroit difficile de faire une compensation approchante de l'effet des corvées et du tirage de la milice sur le fermier riche et sur le laboureur pauvre ; mais il est certain que, toute proportion gardée, le mal qui en résulte diminue en raison de l'aisance, et croît en raison de la misère. Il est moins nuisible à la culture, à l'intérêt général et aux intérêts personnels des corvéables chez le fermier opulent que dans la cabane du journalier, pour lequel il n'est point de non-valeur ni d'interruption de travail, qui ne lui cause une perte considérable. Chez lui, chaque heure est marquée par une obligation absolue de travail, d'où dépend une portion égale de sa subsistance : il ne peut ni se reposer, ni prêter ses bras à des travaux sans salaire, que sa famille et lui n'en souffrent et n'en soient affamés : son nécessaire est réduit à une mesure si étroite, si exacte, qu'on ne peut en rien retrancher sans prendre sur sa vie même. Le fermier aisé n'est pas pressé entre des limites si rapprochées, et il peut, sans en souffrir, placer dans l'année des pertes de temps et d'argent ; ainsi, nulle proportion entre les deux, dans les calculs des besoins de première nécessité, et de l'effet des causes qui y portent atteinte.

ARTICLE VII.

Plan de la Régie.

UNE bonne régie est l'ame et le soutien des grands établissemens. Pour la former avec succès, il faut qu'elle embrasse la totalité des haras jusque dans les plus petits détails. Pour cet effet, il faut établir une personne sous les ordres du chef des haras, qui voie tout l'ensemble et chaque partie séparément, afin de lui présenter sous un seul coup-d'œil et dans le même tableau, le résultat et le mouvement de la machine entière, et l'effet de chaque ressort en particulier. Ainsi, nous proposons de diviser les haras en cinq départemens, composés chacun d'un haras de pépinière, de soixante éducations secondaires, et de deux mille haras du royaume.

Chacun de ces cinq départemens sera subdivisé en vingt arrondissemens.

Chaque arrondissement sera composé de trois éducations secondaires et de cent haras du royaume.

On mettra à la tête de chaque département le directeur d'un haras de pépinière.

Ce directeur aura sous ses ordres, à la tête de chaque arrondissement, un visiteur, lequel aura aussi sous ses ordres un parcoureur.

On formera les départemens avec les éducations secondaires, auxquelles le haras de pépinière, dont le directeur de département sera en même temps directeur, doit fournir les étalons.

Par ce moyen, le directeur des haras de pépinière de ce département réunira et dirigera toute la partie d'éducation de son arrondissement; il fera naître sous ses yeux, dans le haras de pépinière, les étalons pour les éducations secondaires, les étalons pour le haras du royaume, dont il dirigera aussi le placement; il verra naître les productions de ce haras dans son département, et toute cette machine, qui tiendroit directement son mouvement du chef des haras, par le moyen de l'inspecteur général et des inspecteurs de département, étant conduite par la même main, aura une marche réglée, uniforme, sûre, indépendante des prétentions et des protections, et à l'abri des variétés toujours nuisibles. Examinons plus en détail les fonctions de ces officiers.

Il seroit très-avantageux que le premier chef vît, tous les ans, un ou deux haras de pépinière. L'inspecteur général les visitera tous chaque année. Il est indispensable qu'ils ne soient jamais perdus de vue, et qu'ils soient inspectés en masse et en détail. Il feroit de plus, chaque année, la tournée d'un département avec son directeur, et assisteroit aux distributions des ornemens dans les arrondissemens de ce département.

Chaque directeur fera tous les ans la tournée de son département ; il verra chaque éducation secondaire en particulier ; il se fera amener, dans l'arrondissement de cette éducation, les étalons et les jumens annexés aux terres avec leurs productions. Ces assemblées se feront dans le moment où se distribueront les orne-

mens dans les arrondissemens, et le directeur assistera à cette distribution. ; ;

Quand la répartition des éducations
secondaires sera faite, on réglera les lieux
d'assemblées pour les étalons et les jumens
du haras, qui seront fixées à cent, ainsi
que les arrondissemens, ce qui donnera
vingt assemblées à chaque directeur. Les
visiteurs feront trois tournées par an, et
se transporteront dans les éducations secondaires, et dans les endroits où il y
aura des étalons. Leurs tournées se feront
à des époques différentes de celles du directeur de département ; et ils l'accompagneront dans leur arrondissement, quand
il y fera la sienne. Les parcoureurs feront
aussi chacun trois tournées de leur arrondissement, et à des époques différentes
de celles du directeur de département et
des visiteurs, et ils accompagneront également le directeur dans sa tournée de
leur arrondissement. Mais les parcoureurs
ne pourront étendre leur surveillance sur
les éducations secondaires. En donnant
aux visiteurs et aux parcoureurs des mo-

dèles imprimés, qu'ils n'auroient qu'à remplir, sans leur laisser la liberté de donner aucun ordre ; en leur défendant sur-tout, et en tenant la main très-sévèrement à ce qu'ils ne vivent, ni les uns ni les autres, aux dépens des personnes qu'ils surveilleront ; qu'ils ne leur soient point à charge, et sur-tout encore, qu'ils ne recoivent rien ; leur surveillance ne pourra pas être dure, mais il faudroit qu'elle fût exacte, suivie, et même perpétuelle, pour empêcher que les poulinières et pouliches ne soient distraites ou vendues. C'est un objet qu'il faut toujours veiller de près, puisque la réussite y est absolument attachée. L'inspecteur général et les directeurs sentiront bien qu'ils ne doivent accepter aucuns repas, que des personnes à qui leur état et leur fortune permettront de les offrir, et qui pourroient regarder un refus comme une sorte de malhonnêteté, et un défaut d'égards.

Et pour faire jouir ce corps d'officiers de la considération qui favorise le succès des administrations, il sera nécessaire

qu'il

qu'il soit composé de militaires, Nous croyons que l'inspecteur général doit au moins avoir le brevet de mestre-de-camp de cavalerie ou de dragons; les inspecteurs de département, celui de lieutenant-colonel, de major, ou au moins de capitaine de cavalerie ou de dragons, et qu'ils aient fait le service effectif de leur grade en troupes; les visiteurs, celui de lieutenant de cavalerie, et les parcoureurs, de bas-officiers.

Cette composition, cette forme assurera l'exécution du réglement et des ordonnances qu'on paroît avoir regardé bien injustement comme une des principales causes du peu de succès de nos haras: Il falloit, dit-on, laisser la liberté la plus entière, en procurant cependant les moyens d'éducation.

Je regarde cette opinion comme une erreur, et je vais essayer de la détruire.

On a dû sentir, par les détails où nous sommes entrés, que ce ne sont ni les réglemens, ni les ordonnances, qui ont nui à nos haras: que c'est au contraire le

M

défaut de lois ou l'insuffisance de celles qui existent, qui a fait le mal. Elles ne pouvoient vaincre le vice primordial, le manque de bons germes ; ensuite, le peu de justesse et l'inéxécution des réglemens, qui n'assurent point la formation et la conservation des races de poulinières, pour soutenir les espèces qu'on tentoit d'élever. Voilà l'abus qui les fait regarder comme nuisibles, et qui a véritablement nui à nos haras. Les mauvais effets sont visibles et certains ; mais on se trompe du tout au tout, sur la véritable cause du mal. Essayons de le démontrer.

Les réglemens qui concernent les haras sont-ils la cause qui nous a privés jusqu'à présent des bons germes mâles, la cause qui nous a privés de poulinières de bonne race ? Non. La suppression des réglemens nous procurera-t-elle des mâles et des femelles parfaites ? Non, sans contredit ; ou bien nos observations, l'expérience de nos voisins et notre plan sont absolument, faux. Ce n'est donc pas la suppression des réglemens qui détruira la source du mal

et reproduira le bien. Sans doute il est nécessaire de faire un changement dans
l'établissement et dans la loi, mais ce n'est
pas en les anéantissant, c'est en les réformant. C'est sur l'effet qu'ils produisoient, qu'il faut faire tomber le changement. Examinons encore si notre plan
peut produire cet effet.

Les haras de pépinière et les éducations
secondaires assurent la création de bons
germes mâles pour toutes les espèces de
chevaux. La dispersion de ces germes,
par le moyen du haras du royaume, dans
toute l'étendue de la France, distribués
de manière qu'ils seront à portée de tous
les citoyens, en facilite et en assure l'u-
sage ; et par conséquent la création, l'a-
mélioration, la perfection et la conservation des races de poulinières les plus parfaites possibles pour toutes les espèces.
Sans dépense infructueuse, sans contrainte
rebutante, on assure une éducation lucrative, qui doit faire naître l'émulation. A
des encouragemens plus nuisibles que
profitables, on en substitue qui diminuent

les fardeaux du peuple , qui sont économiques, utiles et flatteurs , et qui ne sont
mêlés d'aucun inconvénient. Est-il possible d'opérer cette réforme heureuse, et de
parvenir au but ? sans haras de pépinière
et sans réglemens ? Non ; parce qu'il faut
que le Gouvernement fournisse au peuple
les moyens d'élever avec succès ; que le
premier de ces moyens , qui sont de bons
germes , le peuple, dans aucun cas, ne
peut se le procurer par lui-même, et
qu'il ne peut le recevoir que du Gouvernement ; que dans l'univers , il n'existe de
bons germes que pour une seule espèce ;
que le Gouvernement n'en peut fournir
pour les autres, à moins qu'il ne les crée
par lui-même, et ne les distribue ensuite
dans le royaume ; fonctions qui seront
remplies par nos haras de pépinière, nos
éducations secondaires et nos haras du
royaume, avec d'autant plus de certitude,
que ces deux premiers établissemens doivent être formés dans des emplacemens
stables, et qui n'apportent aucun embarras,
aucun obstacle dans leur régie et dans leur

administration. On ne peut donc séparer
la nécessité de créer des germes mâles ,
de la nécessité d'établir des haras de pépinière , des éducations . secondaires et
des réglemens , qui assurent l'emploi de
ces germes créés , et la création et conser-,
vation des poulinières de races. Par la
même raison , des réglemens faits sur de,
bons principes , et toujours exécutés avec
une sage et ferme autorité , sur-tout en
commençant , ne pourront qu'affermir
notre établissement Enfin veut-on absolument que , par la suite , ces réglemens,
deviennent ou contraires ou inutiles ? on
sera maître alors de les abroger et de les
restreindre ; mais on le répète , ils sont
indispensables dans le moment présent ,
où la marche de la nature , indiquée par
l'expérience, mais inconnue au plus grand
nombre , peut sans cesse être contrariée
par le caprice , par l'ignorance ou par de
faux systêmes plus dangereux qu'elle. D'ailleurs , les réglemens que nous avons à
proposer seront combinés de façon à laisser
un champ bien assez vaste à quiconque

voudra tenter des épreuves, puisqu'il restera plus de six à sept cent mille jumens
à couvrir de nécessité, indépendamment
de celles des haras. C'est, je crois, un
assez beau nombre, qui reste à discrétion,
et sur lequel la fantaisie pourra s'exercer
librement. Mais il est de la prudence du
Gouvernement de soustraire à ces incon-
séquences un fonds stable d'animaux pour
le royaume, qui soit à l'abri de tous les
événemens, ce qui ne peut avoir lieu sans
réglemens. Au reste, quel procédé peut
être plus conforme à nos usages que celui
que nous présentons ? Ce n'a été qu'en
le suivant, c'est-à-dire, en conservant les
productions de nos chevaux, que nous
avons soutenu le fonds de ceux qui existent. Il ne s'agit donc que de faire aujour-
d'hui avec jugement et intelligence ce que
nous avons fait jusqu'à présent, mais sans
combinaison réfléchie, et comme par un
heureux hasard. La facilité des moyens
simples que la nature nous montre et nous
offre, et que nous croyons avoir saisis,
prouve qu'elle ne nous a pas laissé la li-

berté du choix ; et qu'en nous enseignant par ses résultats sa véritable route, elle ordonne, et veut être obéie d'une manière absolue. D'ailleurs, le fond de notre pratique est le même que celle que l'on suit actuellement ; ce sont des haras appartenans au roi, des étalons placés chez les fermiers, des rôles de jumens annexées à ces étalons. Nous ne différons que dans les moyens. A présent on emploie de mauvais étalons ; nous en proposons de bons : on emploie de mauvaises jumens ; il en faut de bonnes : les encouragemens offerts sont non-seulement insuffisans, mais même onéreux dans les campagnes ; nous en indiquons de supérieurs et sans inconvénient. A présent les productions n'indemnisent point des frais de leur éducation ; on se soustrait, autant que l'on peut, à un établissement plus gênant que lucratif : par notre méthode, les productions non-seulement rembourseront la dépense de leur éducation, mais ils donneront de plus un bénéfice qui fera naître l'émulation, et revenir du préjugé que les

haras et leurs réglemens sont plus nuisibles qu'utiles. Si les réglemens et les établissemens actuels sont vus de mauvais œil
par le cultivateur, s'ils n'ont pas produit
de grands avantages, c'est que leur résultat est plus coûteux, plus embarrassant
que fructueux, et que tant que vous n'aurez pas des germes mâles et femelles parfaits, il sera toujours le même ; et vous
n'aurez jamais de germes parfaits, si vous
n'avez pas de haras au roi, et des réglemens.
Peut-être nous appesantissons-nous trop
long-temps sur cet objet ; mais son importance est notre excuse. C'est sur-tout
au moment où, sortant d'une ancienne
erreur, on est en danger de retomber dans
une autre, qu'il faut répéter ce qu'on croit
la vérité, la présenter sous toutes ses faces,
et l'armer de toutes ses-prises sur l'attention et l'intelligence de l'homme.

Je ne descendrai point dans d'autres
détails sur les fonctions particulières des
membres de l'administration des haras :
mais j'observerai qu'il ne doivent rendre
de compte, en suivant les gradations que

nous venons d'établir, qu'au chef des haras, de qui seul ils recevront les ordres.
J'ajouterai que tant que le chef des haras
n'aura pas seul la nomination de tous les
emplois des haras ; qu'il ne disposera pas
seul des fonds destinés à cet objet ; qu'il
n'aura point des agens uniquement dévoués
à cette partie, et absolument indépendans
de toute autorité, il sera très difficile,
pour ne pas dire impossible, qu'il soit in-
formé de tout ce qui a rapport à son administration ; qu'il connoisse parfaitement les
parties sur lesquelles il faut verser des
fonds, parce qu'elles seront ignorées ou
déguisées par d'autres intérêts. Par-là une
grande partie des fonds réservés au haras
sera toujours détournée de sa véritable
destination.

CHAPITRE QUATRIÈME.

Observations sur les moyens de se procurer
des Chevaux Arabes.

Pour compléter notre plan, nous allons
donner une idée des moyens de se procurer des étalons arabes, peut-être sans
grands frais, et par quelque commerce
d'échange.

Les plus beaux et les meilleurs sont dans
les écuries du roi d'Yemen. On croit que
ce prince en fait le commerce exclusif dans
Moab et Sanaa, du moins, quant à ceux
de l'ordre prééminent. Seroit-il impossible
d'envoyer un bâtiment armé et monté de
manière à faire respecter son pavillon et
les personnes chargées de cette acquisition,
à la côte d'Arabie, dans l'endroit le plus
convenable ? Les environs du cap de Far-
tach, Aden, si des obstacles que j'ignore
ne s'y opposent pas, me paroissent mériter
la préférence, à cause de la proximité de

Sanaa et de Moab, qui n'en sont éloignés que de 40 à 5o lieues.

Si le besoin d'acheter les étalons arabes indispensables pour l'amélioration de nos haras, offroit l'occasion de lier quelque nouvelle branche de commerce avec l'Asie, il deviendroit à propos que le Gouvernement traitât directement avec le roi d'Yemen, et qu'on embarquât alors des présens pour le prince, outre les marchandises susceptibles d'être exportées dans ces pays.

Le vaisseau arrivé à la côte d'Arabie, la personne chargée de la négociation feroit prévenir le roi d'Yemen, du but de son voyage, et annonceroit les présens.

Ce prince procureroit sans doute les moyens de se rendre à sa cour avec sureté : l'envoyé y porteroit une partie des présens, et annonceroit le reste, après son retour au vaisseau, en s'excusant adroitement de n'avoir pu se charger de la totalité. Ensuite il feroit traiter par quelqu'un de sa suite de la cargaison du vaisseau, en retour et paiement de laquelle

il feroit choisir, sous ses yeux, les chevaux qui lui seroient nécessaires. On les
paieroit avec le prix provenu des marchandises. Jusqu'à présent, on croit que
les chevaux les plus chers ont été rarement vendus 5 à 6000 liv., et jamais au-
delà.

Le gain sur nos marchandises pourroit
égaler à-peu-près la valeur intrinsèque des
chevaux, et, en ce cas, nous n'aurions
guère de dépense à faire, que les frais de
transport.

Le retour de Moab à Sanaa seroit assuré par l'espoir des présens promis, et
par le paiement des chevaux, qui ne seroit
entièrement acquitté qu'à leur arrivée à
notre vaisseau. Il seroit peut-être encore
possible de faire, au nom du roi de France,
avec celui d'Yemen ; une convention d'é-
change d'une certaine quantité de chevaux,
contre de l'artillerie et des munitions de
guerre ; et si le Gouvernement n'estimoit
pas devoir traiter cette affaire personnellement, il en pourroit charger quelque
négociant sûr et intelligent.

Si ce dernier moyen ne paroissoit pas
non plus praticable, on pourroit s'adresser
tout simplement aux marchands Juifs, Ar-
méniens et Banians, qui font le commerce
de tout l'Yemen. Ils se tiennent à Moka,
à Aden , et dans d'autres ports sur la côte
de la mer Rouge. Ils y amèneroient des
chevaux des écuries du roi d'Yemen, qui
délivre, en les vendant, leur généalogie
et leur signalement, et ces chevaux seroient payés en marchandises, ou avec le
prix de leur vente. Ce moyen, à-la-vérité,
renchériroit l'acquisition ; mais il éviteroit
les risques auxquels pourroient être exposées les personnes chargées de ces achats ;
et, moyennant des généalogies et certifi-
cats de la cour d'Yemen, visées par le ba-
cha de Moka ou d'Aden , on seroit assuré
d'avoir des chevaux de races pures. Dans
tous les cas, comme il se fait un commerce de la côte à l'intérieur de l'Yemen,
·il paroît bien difficile qu'il n'y eût point
de moyens de vendre la cargaison du vaisseau , et qu'il ne se présentât pas dans
l'année plusieurs occasions d'aller à Moab,

et d'en revenir facilement et en sureté.

Je crois de même le retour des chevaux en France, par mer, très-possible, en observant les précautions que je vais indiquer. La plus importante pour la conservation de ces précieux animaux, est non-seulement de ne les pas suspendre et de ne les pas serrer les uns contre les autres, mais de leur bâtir, dans le vaisseau, des loges aérées, de 12 pieds en longueur, sur 15 ou 16 de largeur, dans lesquelles on les tiendra séparés et en liberté, et dont il faudra garnir les parois de grosses toiles matelassées, de manière que dans le roulis, ces animaux ne puissent pas se blesser, en se heurtant contre ces parois. Ils n'auront pas été huit jours sur mer, qu'ils sauront, comme les autres animaux qu'on est dans l'usage d'embarquer, se prêter aux différens mouvemens du vaisseau; et l'on en perdra très-peu, si on prend d'ailleurs tous les soins convenables dans ce long trajet.

Si les fourrages venoient à manquer dans la traversée, les chevaux se nourrissant de

farineux , espèce d'aliment qui leur est
même très-salutaire , on pourroit leur
donner du biscuit pulvérisé, sec ou mouillé,
en y mêlant un peu de foie d'antimoine,
de soufre anisé ou de sel de nitre. En
achetant les étalons , il faudra s'assurer
s'ils mangent du pain sec ou trempé et
s'ils boivent au blanc ; car il est des chevaux qui se laisseroient plutôt mourir de
faim et de soif , que de faire usage de
nourritures ou de boissons qui leur répu-
gnent. Et il pourra se trouver dans le
trajet des momens où il sera nécessaire
dé blanchir leur eau , sur-tout si elle con-
tractoit un mauvais goût. Mais il est d'expérience qu'il y a peu d'eaux que les chevaux ne boivent , mêlées avec du son et
des farineux , quand d'ailleurs ils n'ont
point de répugnance particulière pour ces
alimens.

Préféreroit-on de les faire embarquer sur
la mer Rouge , et de les rembarquer à
Alexandrie pour l'Europe ? Le trajet seroit beaucoup moins long ; mais il fau-

droit toujours les mettre dans des loges,
et ce dernier moyen seroit plus coûteux,
parce qu'il faudroit deux bâtimens ; l'un
pour aller jusqu'à Suez, et l'autre pour revenir d'Alexandrie en France. Il y aura de
plus les risques du trajet par terre de Suez
à Alexandrie.

On peut assurer qu'en tenant les loges
des étalons bien aérées et bien propres, et
en les y laissant au large et en liberté, on les
amènera en France, sans en perdre plus
que de toute autre manière.

D'ailleurs, il y a sur la route des endroits de relâche, où ils pourront être mis
à terre, pendant quelque temps, pour les
refaire des fatigues de la mer.

Est-il besoin d'observer que le vaisseau
doit être construit de façon à permettre
d'y pratiquer des loges ? Un bâtiment de
la longueur et de la largeur d'une frégate
de 30 pièces de canon, pourroit contenir
15 loges, bâties sur les dimensions que
nous avons indiquées.

Comme ces voyages seroient longs et
coûteux

coûteux, on n'en feroit qu'un tous les huit
ou dix ans, et on auroit le temps de préparer d'avance la vente de nos marchandises, et l'acquisition des chevaux qui
nous seroient nécessaires, par l'entremise
des correspondans de commerce que nous
avons dans ce pays-là. Nos denrées de
luxe et de goût seroient vraisemblablement
susceptibles d'y être recherchées et vendues assez avantageusement, et elles nous
produiroient des chevaux à bon marché.
Comme nous n'enverrions des marchandises de ce genre que tous les huit ou dix
ans, et qu'on pourroit les varier d'un en-
voi à l'autre, elles ne deviendroient jamais assez communes pour perdre de leur
prix. Par exemple, nous pourrions expor-
ter ceux de nos vins qui souffrent le transport par mer, et qui y acquièrent même un
degré de perfection ; des liqueurs fortes,
des pièces d'horlogerie, d'orfévrerie, des
toiles de lin, même de grosses dentelles ;
des tableaux représentant les traits de leur
histoire, qui flatteroient leur amour propre ; des meubles de bois sculptés et do-

rés ; pour présent au roi d'Yemen, un carrosse léger, un cabriolet avec les harnois des chevaux, etc.

Au reste, ces idées que je propose seront aisément changées et suppléées par des meilleures, plus familières aux spéculateurs instruits du commerce et du gouvernement. On peut même les abandonner tout-à-fait, si elles ne sont pas trouvées justes, sans nuire au fond de notre plan. Et enfin ; si les difficultés de se procurer des étalons arabes de l'Yemen étoient, ce qui n'est pas à présumer, insurmontables, il ne faudroit pas pour cela renoncer aux chevaux d'Asie, qui nous sont absolument nécessaires, et il resteroit toujours la ressource de les aller chercher à Constantinople, ville qui certainement possède les meilleurs chevaux de l'Europe, et où il se trouve aussi sans doute des chevaux arabes. D'ailleurs, si le roi de France faisoit connoître au Grand-Seigneur son desir de se pourvoir chez son allié, soit des meilleurs chevaux d'Asie, soit même des chevaux arabes du premier ordre, il n'est

pas douteux que le Grand-Seigneur s'em-
presseroit de lui en procurer tous les
moyens, avec toute la sureté et la promp-
titude qui sont à sa portée.

Quelle est au fond la grande difficulté,
pour poser les fondemens de cet établissement important ? Il ne s'agit que d'un
premier achat de dix étalons arabes du
premier ordre. Certes ce nombre n'a rien
d'effrayant ; et quand on réfléchit qu'avec
un aussi petit moyen, il est possible
de perfectionner toutes les espèces et
la masse totale des chevaux d'une monarchie aussi étendue que l'est la France,
on ne peut qu'admirer le bonheur de notre position, et remercier la nature de
nous avoir ménagé une ressource aussi
facile que sûre, pour nous indemniser
de nos soins et de nos peines, en multipliant, en perfectionnant une production
territoriale aussi précieuse pour l'Etat.

CHAPITRE CINQUIÈME.

*Avantage que doit produire l'amélioration
des Chevaux.*

Nous partirons de la supposition que
nos haras seront composés de deux cent
mille jumens. Nous ne mettrons pas en
ligne de compte les cinquante mille des
particuliers, qui n'en auroient pas d'annexées aux terres, ni les vingt mille sept
cent cinquante des éducations auxiliaires, parce que la saillie des premières est
incertaine, que d'ailleurs n'étant pas assuré qu'elles atteindront le degré de perfection, par une succession non interrompue de génération directe, comme celles
des haras du royaume, les avantages qu'elles
produiront ne seront pas certains ni considérables, et que les secondes ne produiront non plus que des avantages médiocres. Les deux cent mille jumens du
haras du royaume doivent, en produi-

sant un tiers, donner soixante-six mille six cent soixante-six chevaux (39) en état d'être mis dans le commerce. Ces chevaux, issus de races d'étalons supérieurs, et de races de jumens perfectionnées, doivent avoir une valeur égale à celle des beaux chevaux que nous tirons de l'étranger. Et comme nous payons ces chevaux depuis 900 jusqu'à 2,000 liv. (40), en supposant qu'ils vaillent seulement le prix commun de 1,000 l., voici une augmentation dans nos richesses territoriales de soixante-six mille six cent soixante-six chevaux, et de 66,666,000 liv. Mais supposons que sans l'établissement des haras, il se soit néanmoins élevé vingt mille chevaux. Ces vingt

_____

(39) Ces nombres et calculs que nous supposons ici comme bases de ceux qui vont suivre, seront établis et expliqués dans le mémoire particulier.

(40) Quand nous disons que les chevaux que nous achetons des étrangers coûtent depuis 900 liv. jusqu'à 2000 livres, nous ne voulons pas dire que tous les chevaux que nous achetons coûtent ce prix-là: nous n'entendons parler que de ceux qui pourroient entrer en comparaison avec les nôtres élevés d'après nos principes.

mille chevaux, qui, attendu leur défec-
tuosité, n'auroient valu chacun que 250
liv., vaudront, les haras étant établis,
1000 liv. la pièce. La valeur intrinsèque
de chacun sera augmentée de 750 liv., qui
feront, pour les vingt mille chevaux,
15,000,000, lesquels ajoutés à 46,666,000
liv. pour le prix des quarante-six mille six
cent soixante-six chevaux qui seront
élevés de plus, formeront une augmentation, dans la valeur de cette richesse
territoriale, de 51,000,000, et de quarante-six mille chevaux.

. Des soixante-six mille six cent soixante-
six chevaux engendrés par l'effet de notre
système, trente-trois mille trois cent trente-trois seroient femelles (41), dont on emploieroit vingt mille à l'entretien et au remplacement des poulinières de race. Il resteroit par conséquent treize mille trois cent
trente-trois jumens, qui jointe aux trente-

---

(41) Nous supposons toujours les productions moitié mâles, moitié femelles, parce que cette égalité
de partage entre les deux sexes, est une vérité reconnue par l'observation.

trois mille trois cent trente-trois chevaux mâles, feroient quarante-six mille
six cent soixante-six chevaux, qui entre-
roient dans le commerce, et qui met-
troient 46,666,000 liv. en mouvement tous
les ans. La circulation de cette somme seroit d'autant plus avantageuse, que non-
seulement elle ne pourroit ni s'engorger,
ni s'accumuler en une seule masse, mais
qu'elle seroit dispersée par différens ra-
meaux dans tout le royaume et chez le
cultivateur, et procureroit à cette classe
de citoyens, la plus indigente comme la
plus utile, une aisance qui feroit revivre
notre agriculture.

Nous devons aussi espérer de n'être
plus obligés de faire venir des chevaux
étrangers. Par conséquent, l'argent que
nous fixerons par-là dans le royaume,
doit être encore ajouté aux 46,666,000
livres.

Si nos haras atteignent, comme cela
doit arriver, une supériorité sur ceux de
l'étranger, ce sera une nouvelle branche
de commerce, dont nous serons enrichis;

et quel qu'en soit le montant, il faut le regarder, ainsi que les sommes que nous
portions aux étrangers, comme des fonds
neufs créés dans le royaume. En supposant que nous conservions .4,000,000
dans l'état (42), et que nous y fassions

---

(42) Il n'est pas possible de savoir avec une sorte
de certitude, d'après les registres des douanes, la
quantité de chevaux que nous tirons de l'étranger,
si ce n'est pour les chevaux anglois et les chevaux
de troupes. Encore abuse-t-on des facilités que le
Gouvernement donne pour l'importation de ces derniers, en en faisant entrer beaucoup d'autres en con-
trebande. On peut même avancer que la plus grande
partie des chevaux d'attelage entrent en fraude. Nous
allons cependant hasarder de donner un aperçu de
ce que nous en tirons de l'étranger, et des sommes
qu'ils nous coûtent.

Chevaux anglois...	550 à	1000 l.	550,000 l.
Chevaux de troupes.	2,000 à	350.	700,000
Chevaux de carrosse.	4,000 à	500 .	2,000,000
Chevaux de tirage..	5,000 à	200 .	1,000,000
Poulains............	1,500 à	100 .	150,000
Étalons et Chevaux de fantaisie......		100,000	
	13,050		4,500,000 l.

On croit pouvoir assurer que le nombre des chevaux importés est beaucoup plus considérable.

entrer 4,000,000, ce seroit au moins 8,000,000 à ajouter aux 46,666,000 liv. Cet avantage sera d'autant plus intéressant pour la nation, qu'il a pour objet une marchandise de première nécessité, et que la création des bons germes, la possibilité ainsi que la facilité de s'en pourvoir, la certitude de réussir, prouvée par les expériences faites dans toutes les parties du royaume, et qui seront mises sous les yeux de toutes les classes de citoyens, nous donne droit d'espérer la perfection des races, et de cette perfection une éducation plus nombreuse, et un débit plus considérable hors du royaume. Car quoique nos voisins aient des chevaux de trop, puisqu'ils vendent leur superflu à nos besoins, ce superflu n'empêche point chaque peuple d'en tirer des autres une quantité plus ou moins grande, à proportion de leur qualités et de leur utilité. Or, aucune nation de l'Europe n'auroit des chevaux de toutes les espèces, aussi parfaits que les nôtres; nous sommes donc fondés à penser que nous établirons chez nous la principale partie de ce commerce. Au reste, si nos espérances, sur la quantité de chevaux qui naîtroient de notre éducation, étoient trompées, il existe toujours des moyens, qui seroient également avantageux à l'agriculture et au commerce, pour en étendre la multiplication ; ce seroit de rendre les chevaux étrangers une marchandise prohibée, et de favoriser, d'ordonner même, s'il falloit recourir à l'autorité, la culture des fourrages artificiels. C'est de l'abondance des fourrages que dépendent l'abondance et en partie les qualités des bestiaux ; c'est de l'abondance des bestiaux que dépend l'agriculture ; et ce sont l'agriculture et les bestiaux qui fournissent aux manufactures et au commerce la plus grande partie des matières premières, dont, jusqu'à présent, nous avons manqué, ou que nous avons mauvaises, parce que les causes et les obstacles qui nuisent aux haras, font le même effet sur les autres animaux nécessaires à la culture. La disette des fourrages est donc très-pernicieuse aux haras, et nous ne pouvons la réparer

que par les prairies artificielles. C'est cette
disette qui est cause que, malgré les ressources inépuisables du royaume, et sa
fertilité, nous n'exportons que des mulets,
qui, ne pouvant se reproduire, occasion-
nent encore une diminution dans l'espèce
d'animaux dont nous manquons. Cette
exportation de mulets a pour cause leur
plus grand prix ; et leur plus grand prix
vient principalement de l'imperfection de
nos chevaux (43). Indépendamment des
avantages, dont nous venons de faire l'énu-
mération, il en résulteroit encore une
augmentation dans la propriété foncière

---

(43) On évaluoit, en 1717, à 19,000 le nombre
des mulets élevés dans le royaume.

Les jumens produisent beaucoup moins avec l'âne
qu'avec le cheval.

Il falloit donc au moins 70,000 jumens pour donner cette quantité de mulets.

Pour entretenir le fonds de ces 70,000 jumens,
il en falloit 21,000 ; ce qui fait 91,000 jumens, qui
auroient donné, avec des chevaux, 30,000 élèves,
dont moitié étant femelles, auroient ajouté à leur
nombre 15,000 animaux propres à la reproduction ;
par conséquent, l'éducation des mulets faisoit perdre
la reproduction annuelle de 106,000 jumens.

et personnelle des particuliers ; et loin d'a-
voir à chercher de nouveaux fonds pour
nous la procurer, il en résultera nécessairement une augmentation dans le produit de l'impôt, sans aucune intervention
de l'autorité, parce qu'il s'accroît de lui-
même, en proportion de l'accroissement
des facultés des citoyens. En calculant les
produits, d'après les bases relatives aux
chevaux, la valeur intrinsèque doit être
augmentée, en dix ans, de 466,666,000. l.
Pendant ce temps, il sera entré dans le
royaume 40,000,000, provenant de la
vente de nos chevaux, et 40,000,000 que
nous ne porterons plus aux étrangers,
ce qui fera une somme de 80,000,000,
créée pour le royaume. Ces sommes, en
circulant plus ou moins rapidement, nous
procureront encore d'autres avantages ac-
cessoires, et elles ne nous auroient coûté
qu'une mise-dehors chez l'étranger de
100,000 l., pendant dix ans, pour l'achat
des étalons arabes. Le nombre de chevaux, en poulains perfectionnés, sera dans
le même espace de temps augmenté de

six cents soixante-six mille six cent soixante chevaux, dont trois cent trente-trois mille trois cent trente seront jumens. Ces dernières étant en partie, par l'effet de la loi, à la disposition du Gouvernement, formeront un fonds inépuisable pour le soutien, la multiplication et la perfection des haras.

Ajoutez l'avantage d'avoir des chevaux qui, par l'effet de leur perfection, font plus d'ouvrage, durent plus long-temps, et vivent plus vieux. Vous trouverez qu'il y a, dans ce seul objet, une masse de produit immense.

Si on peut espérer que les moyens offerts pour élever de bons chevaux, puissent suffire seuls pour déterminer le citoyen à se porter à cette éducation, il les sentira et les emploiera, et il les trouvera, à coup sûr, dans cette institution; au lieu que ne pouvant, dans l'état actuel des choses, et en suivant le système usité, avoir de bons germes d'aucune espèce, il lui est impossible de réussir. Par la même raison, il ne s'adonnera jamais à une éducation plus coûteuse que lucrative. Au reste, ce que j'ai proposé de relatif à l'administration et à la législation, ne sont que des idées, dont on prendra ce qui pourra être bon ; mais je crois pouvoir assurer que quant aux procédés physiques d'éducation, ils sont pris dans la marche de la nature, et qu'il n'en est point d'autres qui puissent réussir.

Nous sentons bien que tout le plan que nous venons de tracer, exige, pour son exécution, beaucoup d'autres détails, dans lesquels il ne nous a pas été possible d'entrer, par l'impuissance de nous procurer les renseignemens nécessaires, sans des recherches qui auroient pu avoir un air de curiosité que peut-être on auroit désapprouvé.

Peut-être tous nos calculs paroîtront-ils forcés, et le sont-ils en effet ; mais il en résulte du moins la preuve que les moyens existent dans le royaume, qu'ils sont à la portée des finances du roi, et qu'il ne s'agit que d'y adapter ceux que l'état du citoyen permettra.

Peut être nous sommes-nous trompés sur l'évaluation que nous avons faite des produits; mais en supposant qu'il en faille déduire un quart ,

	Chevaux.	Numéraire.
il restera	5o,ooo—	5o,ooo,ooo

Si la déduction d'un quart paroissoit insuffi-sante , déduisons-en le tiers , il restera. . . . . 44,444—44,444,oool.

Si la déduction du tiers n'étoit pas encore assez, déduisons-en la moitié, il restera. . . . . 33,333—33,333,ooo l.

Déduisons-en les deux tiers , il restera. . . . . 22,222—22,222,ooo l.

Déduisons-en même les trois quarts, il restera 16,666—16,666,ooo l.

Faisons plus encore , supposons que le produit soit trop incertain pour pouvoir être calculé. Convenons au moins qu'avec dix étalons arabes, placés dans le midi de la France , dans les éducations secon-daires , et moyennant d'autres éducations secondaires distribuées dans le reste du royaume , nous nous procurerions, avec une dépense annuelle de 10,000 liv., un fonds d'étalons perfectionnés, qui jetteroient une quantité considérable de germes précieux, dont nous manquons, et sans lesquels il est d'une impossibilité démontrée d'avoir de bons chevaux.

CHAPITRE

CHAPITRE SIXIÈME.

Récapitulation et preuve du système.

JE suis loin de croire que le plan d'exé-cution dont je suis en état de donner l'es-quisse, soit le seul qu'on puisse inventer ; il a, avec les finances du royaume, les intérêts des particuliers, avec les lois, les usages, la culture, les ressources, le com-merce et le génie des différentes provinces de la France, avec ses diverses espèces de chevaux, des rapports que je ne puis suf-fisamment approfondir. Mais si les prin-cipes que nous avons établis sont, comme nous avons droit de le présumer, conformes à la marche de la nature, et par conséquent, les seuls susceptibles du plus heureux suc-cès, il est aisé de se convaincre, en exa-minant les formes des Gouvernemens de l'Europe, et le génie des nations, les mo-biles des actions des hommes en général, leur peu d'uniformité dans leurs opinions

O

et leurs procédés, qu'il est de l'impossibilité la plus absolue qu'ils soient mis en œuvre avec l'exactitude et la précision qu'ils exigent, s'ils ne sont dirigés et soutenus par une loi expresse.

Je proteste que l'amour seul de ma patrie et du bien public est le principe unique qui me fait agir, et que je suis dans la sincère conviction que mes observations sont justes, et appuyées de l'expérience la plus constante (et c'est là le fondement de la confiance qui m'enhardit à les mettre au jour), lorsque j'assure que, sans des poulinières de race, et tant que ces races ne seront point créées, perfectionnées et conservées dans nos différentes provinces, il n'y a point de réussite à espérer, et qu'il n'y aura vraisemblablement jamais de ces races sans une loi; que c'est en Arabie qu'il faut aller chercher le germe précieux de nos chevaux, puisque le cheval Arabe est le germe primitif et unique, le meilleur cheval connu; qu'en choisissant chez toutes les nations de l'univers, nous ne pouvons nous fournir toutes les espèces d'éta-

lons dont nous avons un besoin indispensable pour porter nos haras au plus haut
degré de perfection ; qu'il paroit indubitable que nous pouvons les créer chez nous,
dans des haras formés exprès ; que ce
moyen est économique et le seul certain ;
qu'il n'y a que le roi seul qui puisse fournir à la dépense de ces établissemens ,
mais que ses finances ne lui permettant
point de fournir tous les étalons nécessaires
pour le royaume, il est des moyens faciles
et généralement utiles de suppléer à ce
défaut (44). Que si le Gouvernement n'é-
tablit point ses haras sur des fondemens
inébranlables, s'il n'assure pas et ne fixe
pas immuablement, dans chaque province,
un fonds d'éducation propre à son usage ,
s'il n'assure pas également dans chaque
province le renouvellement constant et
non-interrompu d'étalons de l'ordre le plus
parfait et le plus convenable à ses besoins,
il est impossible de soutenir des races ;
que l'éducation générale des chevaux en

---

(44) L'indication de ces moyens est réservée pour
le mémoire destiné au Gouvernement.

France ne peut s'établir que par parcelles,
et chez le cultivateur, et dans l'espèce de
cheval dont il fait usage ; que si l'on ne
procure pas une exportation considérable
en temps de paix, on manquera toujours
de chevaux pour la guerre ; que cette exportation ne peut s'établir que par la perfection de toutes nos races ; si entiérement
dépendantes les unes des autres, qu'on ne
peut en perfectionner aucune séparément ;
que les encouragemens sont, nécessaires ,
à une nation aussi susceptible d'amour-
propre, aussi avide de distinction et d'éclat
que la nôtre ; qu'il ne faut jamais perdre
de vue le plus haut degré de perfection ;
que tant que les haras ne seront pas traités en grand, les petits moyens se perdront
dans la vaste étendue du royaume, et ne
produiront aucun bienᐧréel ; que le Gouvernement a seul le grand intérêt, l'intérêt
général, à l'établissement ; que celui que
chaque particulier y prend et peut y
prendre, est nul en comparaison ; et que
si le Gouvernement ne conduit pas la machine, si les ressorts qu'il mettra en jeu

sont foibles et intermittens, jamais il n'y
aura de progrès: enfin, que tant qu'ils seront
composés de parties isolées, sans former
un ensemble, un tout unique; tant que le
Gouvernement n'aura point dans sa main,
et ne fera pas agir, seul et directement,
tous les moyens abandonnés présentement
à des autorités vagues et dispersées, à la
diversité d'opinions, à l'ignorance, au caprice, aux petits intérêts particuliers, les
ordonnances seront éludées, et il n'y aura
ni certitude, ni uniformité, ni exactitude
dans les procédés; les fonds donnés par
le Gouvernement ne seront point employés à leur véritable destination; les dépenses que l'on fera pour améliorer les
chevaux, créer et étendre cette branche
de commerce, seront inutiles et perdues,
comme elles l'ont toujours été. Aucun
des changemens avantageux qu'on voudra
introduire, ne réussiront, et l'on recommencera les haras tous les ans, comme
on a fait la première année qu'on les a
créés.

Ce que j'avance n'est point le produit

d'idées systématiques conçues dans le
loisir du cabinet ; c'est le tableau de l'état
actuel de nos haras , résultat d'une opération faite par ordre du Gouvernement ,
et placée sous les yeux de la nation ; opération qui , s'exécutant depuis plus de
·160 ans , toujours sur le même plan ,
prouve par une expérience constamment
malheureuse , que ce plan a été mal combiné ; et la preuve de son vice radical ,
c'est que nous manquons de chevaux de
toute espèce ; que nous n'en avons aucune
de parfaite , que la nécessité nous force
à en importer de toutes les espèces , sans
que nous en exportions d'aucune. ⸻

· Au reste , si je dis aussi affirmativement
que , sans une loi expresse , on ne parvien-
dra jamais (au moins dans la plus grande
partie du royaume) à former et à conserver des races de poulinières , je parle d'a-
près mon expérience personnelle. Je me
suis chargé , il y a environ vingt ans , dans
ma province , d'un essai de haras public ;
que je conduis encore actuellement. Quand
cet ouvrage a été composé , l'auteur ré-

gissoit encore l'essai de haras de sa province. Quoiqu'il n'ait pour base que des
encouragemens, que l'on en ait écarté jusqu'aux moindres apparences de contrainte
et de gêne ; que tout soit en profit pour le
cultivateur, èt rien en frais, parce que les jumens sont saillies gratis, qu'elles sont exemptes de corvées, qu'on rembourse à leurs
propriétaires la taille qu'elles paieroient au
domaine du roi ; qu'on ait porté la complaisance pour les paysans, jusqu'à leur fournir l'espèce de chevaux qu'ils ont paru
desirer ; qu'il soit distribué trois prix tous
les ans, le premier au plus bel élève de
30 mois, le second au plus beau de 18
mois, et le troisième au plus beau de l'année ; qu'on ait, depuis quelques années,
donné des primes à quelques-unes des
plus belles poulines, provenantes des étalons, pour les attacher au haras, et leur
faire donner des productions ; quoiqu'il
règne parmi les cultivateurs, avec assez
d'aisance, une sorte de goût pour les chevaux, que les fourrages soient généralement
bons, sans être excessivement chers, dans

la province; cependant le succès de cet
établissement, qui auroit produit tous les
avantages qu'on auroit pu obtenir de l'espèce d'étalons qui y est employée, si les
cultivateurs eussent gardé leurs pouliches
pour en faire des poulinières, est encore
foible et incertain, parce qu'ils vendent
les productions femelles du haras: vente
qui empêche la formation des races de
poulinières. En supposant qu'il commence
à s'en établir, il est fort douteux qu'ils les
conservent jusqu'à ce qu'elles aient atteint le degré de perfection nécessaire, ou
que si elles y parvenoient, elles fussent
conservées encore et employées au haras.
Ces faits, leur cause et leurs résultats, qui
sont de la plus grande évidence, démontrent que c'est en vain que jusqu'à ce jour
on s'est flatté qu'il suffisoit de procurer
des moyens d'élever. Il n'y a qu'une loi
qui, en obligeant les cultivateurs de se
conformer aux vrais principes, puisse leur
assurer, sans frais, l'avantage d'élever des
animaux d'une bonne et belle qualité, qui
sont pour eux une propriété utile et de

première nécessité ; des animaux qu'ils
sont dans l'obligation absolue d'élever et
qu'ils élèvent à présent mauvais, avec les
frais qui suffiroient pour les rendre bons.
Il n'y a qu'une loi qui puisse établir dans
le royaume, un fonds de haras inépuisable, toujours existant, et une branche de
commerce très-supérieure, en ce genre, à
celui des étrangers.

L'exemple de quelques peuples, nos
voisins, qui, pour réussir jusqu'à un certain point, n'ont eu besoin que d'en recevoir les moyens, ne doit pas nous séduire.
On a dû sentir, en comparant les mœurs,
le Gouvernement, le génie national, la
culture, la position, les fortunes des particuliers et le commerce, que ce qui s'est
opéré chez eux par des moyens simples,
ne peut l'être chez nous que par le secours
d'une loi. Supposez même qu'il suffise
pendant un temps d'offrir en France le
moyen de faire le bien, pour le voir saisir
et adopter, encore faudroit-il assurer par
une loi, la continuité de l'amélioration
contre l'effet de la légéreté de la nation ;

dont le moindre changement dans le goût,
les usages, les modes, dans le genre de
luxe, dans la manière de le développer,
peut en un moment détruire ou déranger,
au gré de l'opinion volage, les établissemens les mieux combinés et les plus soli-
dement établis, si le flot de son inconstance n'est pas repoussé par l'autorité,
protectrice de ses succès et de sa durée.

Il seroit également dangereux d'imagi-
ner que l'exemple, donné dans des momens
d'enthousiame, par des personnes dont le
goût s'est heureusement trouvé d'accord
avec le bien public, puisse faire naître une
éducation suffisante. L'examen du passé
et le néant de ces ferveurs momentanées,
dans des temps plus favorables encore,
fait tomber l'illusion d'une semblable espérance. Quelquefois, à-la-vérité, on a vu
élever pendant la paix des chevaux chez
les grands seigneurs, les gentilshommes
et les riches propriétaires; mais cette
abondance apparente est toujours restée
une disette réelle, sur-tout pour les chevaux de prix, puisque nous en avons tou-

jours tiré de l'étranger. Cette insuffisance
s'est toujours trahie en temps de guerre.
Il ne s'en est pas fait une où nous n'ayions
été obligés, des la première campagne,
de faire venir dès chevaux du dehors. D'ailleurs, au premier mouvement de guerre,
les grands seigneurs et les gentilshommes
qui élèvent, ont besoin de leurs chevaux
pour faire leurs équipages : tout est employé, jumens, poulinières, et autres.
L'argent nécessaire pour l'éducation des
chevaux, sert aux frais de campagne, tou
jours excessifs pour les officiers François,
peu économes, sensuels et fastueux. Ces
frais dérangent leur fortune, de manière
qu'à la paix ils se trouvent hors d'état de
remonter une éducation extrêmement coûteuse, lente dans ses progrès, et toujours
peu lucrative. Mais il n'est pas besoin de
la secousse d'une guerre, pour interrom-
pre et renverser cette éducation ; il suffit
de notre propre inconstance, pour la rendre toujours flottante et incertaine. Combien de haras assez considérables, que je
ne me permettrai pas de nommer, ai-je

vu s'établir depuis la paix de 1762, et qui sont déja abandonnés, les uns, parce que l'auteur de l'établissement n'a point persévéré ; les autres, parce que les héritiers à qui sont échus ces haras, n'avoient point hérité du goût de leurs prédécesseurs ? Et ceux même qui produisoient les meilleurs chevaux, ne rendoient pas les frais, parce que n'étant pas montés sur les vrais principes, ils ne pouvoient réussir, et portoient eux-mêmes dans leur sein des vices qui devoient amener leur destruction. Mais eussent-ils été montés sur les vrais principes, leur destruction étoit encore inévitable, par l'inévitable lenteur de leurs progrès, dans l'état de décadence où est actuellement cette partie ; le dégoût, l'inconstance, les changemens de propriétaires, les auroient également ruinés. L'expérience est encore ici mon garant. Quand je montai mon haras en 1763, l'enthousiasme avoit gagné mes voisins ; c'étoit à qui feroit venir des étalons et des jumens, à qui enverroit ses jumens pour être fécondées par mes étalons. Ce goût

passager pour l'éducation du cheval se
répandit dans la classe des hommes assez
instruits pour être exempts des préjugés
qui alarment et inquiètent le paysan ; mais
cette belle ardeur n'a pas duré, et au bout
de 8 ou 10 années, à peine en restoit-il
quelques vestiges. Ceux de mes voisins
qui avoient montré le plus de zèle, ont
loué les biens qu'ils faisoient valoir, ont
vendu ou gardé, pour des usages étrangers
aux haras, les poulinières achetées ou élevées ; les autres particuliers portant leurs
vués de satisfaction ou de commerce sur
d'autres objets, ont cessé de faire couvrir
leurs jumens, et dans le moment où j'écris,
l'éducation des chevaux est reléguée et
concentrée chez l'habitant de la campagne. Moi-même, je ne rougirai point de
l'avouer, j'ai laissé tomber mon haras,
par l'impossibilité de le soutenir seul, et de
fournir aux frais. Une loi, tout me force
à le répéter, une loi peut seule assurer en
France l'existence et la durée d'un fonds
de haras suffisant pour les besoins du
royaume ; et l'éducation des chevaux ne

peut être faite avec succès, avec constance, et avec certitude, que chez le cultivateur, par parcelles, et dans l'espèce
de chevaux qu'il emploie. C'est encore d'a-
près mon expérience que je parle ici, et
je sers moi-même de preuve à ce que
j'avance.

J'avois essayé, il y a environ 30 ans,
d'élever des chevaux avec les jumens nécessaires à ma culture. Le prix que j'a-
vois tiré de quelques-uns de ces chevaux,
me determina à monter un haras ; la dépense, en changeant de nature et d'objet,
a si considérablement augmenté, par les
bâtimens que j'ai été obligé de faire cons-
truire ; par la quantité de personnes et d'a-
nimaux exclusivement réservés, et nécessaires à mon haras, et par d'autres frais
qui n'avoient que lui pour objet (43), que le
produit de leur vente, dont une partie valoient 1500 à 1800l., n'a pu me rembourser
mes avances, quoique ma culture m'eût
fourni, pour leur éducation, quelques

---

(45) J'en donne la preuve dans le détail de la
dépense du haras de pépinière.

moyens d'économie. Ceux au contraire que j'avois élevés, dans le principe avec mes jumens de labour, quoique d'un prix bien inférieur, m'ont payé de leurs frais, parce qu'ils ne m'avoient pas mis dans la nécessité d'employer des personnes et des animaux inutiles d'ailleurs; qu'ils n'avoient consommé que les nourritures qu'il faut aux animaux indispensables dans une ferme; enfin, qu'ils n'avoient donné lieu à aucune autre dépense que celle de ma culture. Je me crois donc fondé à assurer cette vérité, que ce n'est que chez le cultivateur seul, et dans l'espèce dont il fait usage, que peut se soutenir l'éducation générale des chevaux en France.

Complétons la preuve, en faisant voir qu'un poulain coûte peu à élever chez le fermier.

1°. Parce que l'étalon est fourni par le roi, ou elevé dans la maison (46), et les

_____

(46) On a vu ci-devant que les fermiers se chargeoient des étalons des haras, pour jouir des avantages attachés à leur entretien ; ces avantages doivent donc être équivalens aux frai squ'occasionnel'étalon.

jumens aussi. Les jumens et l'étalon, sils
appartiennent au fermier, sont, indépendamment de l'éducation des poulains,
nécessaires pour l'exportation de la ferme.
Ainsi, il faut déduire de la dépense tout
ce qui a rapport à l'achat et à la nourriture de l'étalon et des jumens.

Il faut en déduire aussi tout ce qui
concerne la construction et l'entretien des
bâtimens, parce qu'ils sont faits dans les
seules proportions nécessaires à l'exploitation du bien. Il faut pareillement en déduire les frais des domestiques, qui, d'ailleurs nécessaires à la ferme, suffisent pour
les chevaux qui y sont élevés, ces chevaux
faisant partie des animaux nécessaires au
fermier. Il en faut de même déduire les
frais de nourriture des poulains, puisqu'il
ne faut pas en acheter, et qu'ils ne consomment que les productions de la ferme,
dont la consommation est indispensable
dans son intérieur, pour le soutien de sa
culture. (Et telles sont les bases sur lesquelles nous avons proposé d'établir le
haras du royaume.) Ainsi le cheval élevé
dans

dans une ferme , avec les animaux nécessaires d'ailleurs à son exploitation , n'est
que l'objet représentatif du produit qu'auroit tiré le fermier des denrées que le cheval a consommées , si ces denrées avoient
été consommées par d'autres animaux dans
la ferme , et dans la supposition même
où ce produit auroit suffi au remplacement
des chevaux nécessaires , si on ne les éle-
voit pas dans la ferme même.

On pourroit objecter qu'une pareille
éducation ne doit être d'aucune utilité
pour le commerce , puisque les animaux
qui en naissent ne servent qu'à soutenir
le fonds de ceux qui sont nécessaires à
la culture. J'observerai que pour l'éducation dont je parle , il entre dans le systême
du fermier d'élever , avec certitude , une
assez grande quantité de chevaux pour
n'être pas obligé d'en acheter ; que cette
spéculation ne peut être et n'est réellement
remplie qu'en élevant toujours au-delà
du besoin exact. C'est ce principe qui
produit la plus grande partie des chevaux,,
et les mauvais, qui sont les plus communs.

D'ailleurs, un fermier qui, suivant notre système, aura fait des élèves de la valeur de 12 ou 1500 liv., ne les attèlera pas; il les mettra dans le commerce, dût-il en acheter de moindre prix pour ses travaux.

J'ose encore me flatter de n'être que l'organe de l'expérience, en assurant que les étalons arabes sont les seuls qui puissent porter un haras à sa plus grande perfection; je n'ai pourtant jamais employé d'étalons d'Arabie, mais j'ai fait usage de chevaux d'Asie, d'Afrique, d'Italie, d'Espagne, de Danemarck, d'Allemagne, d'Angleterre et de Normandie, en suivant leurs productions avec une scrupuleuse attention. J'ai remarqué que plus le cheval approchoit de l'Arabie, plus il réunissoit de qualités; ces observations doivent me confirmer dans mon opinion, et elles m'autorisent à assurer qu'avec de l'intelligence, des soins, de la constance, et la méthode que j'ai indiquée, il est possible, en peu de générations, de former, avec des étalons arabes, par des nuances insensibles, des races de chevaux propres

à·toutes sortes d'usages ; que ces races
réuniront d'autant plus de qualités , que
l'on aura été plus attentif à choisir ,
pour créer des germes, des étalons d'un
sang noble ; enfin, qu'on ne peut espérer
aucun succès avec les étalons des pays
froids.

Je trouve encore des indices et des
preuves de la sureté de mon plan et de
son succès dans les procédés de quelques
peuples de l'Europe. On sait que les chevaux danois de belles races viennent des
chevaux d'Espagne. Ce peuple a conservé , et il entretient ces races avec assez
de soin ; plusieurs de leurs chevaux sont
actuellement parvenus au degré qui forme
le prototype de leur pays , eu égard à la
qualité des étalons qui ont formé ces races.
Aussi remarque-t-on dans ceux de belle
espèce, les caractères extérieurs et intérieurs de leurs ascendans paternels , et les
nuances qui les en séparent encore ne sont
produites que par l'effet du climat et des
nourritures , et par le travail qu'on a employé pour exhausser ceux dont on a voulu

grandir la taille. Les Anglois ont des chevaux qui approchent des arabes qui les
ont produits ; ils sont très-supérieurs aux
chevaux danois. Si les Danois, dans un
climat si peu propice, ont fait approcher
leurs élèves des espagnols, qui en sont la
souche ; si les Anglois, dans un climat
moins favorable que celui de la France,
ont pu former des chevaux qui approchent des arabes ; et si les chevaux anglois
sont supérieurs aux danois, il n'est pas
douteux que les étalons arabes sont supérieurs aux espagnols, et que nous pouvons
faire en France ce que les Danois ont fait
dans un climat très-froid, et les Anglois,
dans un sol inférieur au nôtre; c'est-à dire,
former des races qui tiennent à leur souche.
Par conséquent, il nous faut employer pour
faire souche, les germes les plus parfaits,
puisque les qualités des descendans dépendent de celles de leurs auteurs. Et
comme le cheval arabe est, de l'aveu géné-.
ral, le plus parfait ; que l'expérience de
l'Europe lui assure le premier rang et la
plus heureuse influence dans la bonté des

chevaux qu'il a produits dans son enceinte ;
c'est donc lui que nous devons choisir
pour fondateur de la souche des nôtres.

Ce n'est pas non plus sans une sorte
d'expérience personnelle , que j'invoque la
prudence du Gouvernement , pour mettre
à l'abri des opinions variables un fonds de
haras suffisant pour le royaume. Un jour,
dans un assez grave entretien avec des
personnes qui ont des connoissances sur
les haras, j'exposai avec assez de détails
et d'étendue , mon système d'éducation ;
il fut honoré de leur attention : il obtint
même leur suffrage unanime , et j'eus la
satisfaction de les entendre convenir qu'il
étoit appuyé sur la marche de la nature.
La conversation continua de rouler sur
cette matière , et chacun déclarant ensuite
son sentiment particulier , les uns dirent
qu'il faudroit faire venir des étalons espagnols, pour les jumens des haras du
second ordre ; les autres dirent que des
étalons normands, de selle , à beaux membres , rendroient toutes les jumens des
haras du premier et du second ordre bien

meilleures et bien plus solides; les autres,
qu'il falloit conserver l'espèce des jumens
cotentines, pour les donner aux étalons
du haras du quatrième ordre, afin d'exhausser encore cette espèce, à laquelle il
étoit impossible, de rien ajouter, si ce
n'étoit un peu plus de taille. Si quelques
heures d'entretien manifestèrent tant de
variétés d'opinions dans un petit nombre
de gens instruits; si un instant après qu'ils
venoient d'approuver tout mon plan, ils
proposoient déja des changemens qui en
bouleversoient entiérement l'exécution et
le résultat, à quoi doit-on s'attendre de la
part de la multitude, de l'ignorance, des
préjugés divers encore plus entêtés, des intérêts personnels, et de cet esprit contra-
dictoire d'amour et d'aversion pour la
nouveauté, mêlé dans le caractère de la
nation? S'il est juste de laisser à la diversité des opinions la liberté et les moyens
de se satisfaire (et on y a pourvu, en
conservant le saut de cinq jumens par
chaque étalon du haras du royaume,
pour les jumens des particuliers), il est

également prudent et nécessaire de soustraire aux caprices et aux fantaisies un fonds de haras suffisant pour le besoin de l'Etat.

C'est encore l'expérience qui m'a fait dire qu'il y a un avantage considérable et certain à multiplier les prairies artificielles. Je divise les terres que je cultive en quatre lots égaux ; le premier porte du blé, le second des mars, le troisième des fourrages artificiels, et le quatrième se repose. De cette distribution, il s'ensuit que le lot portant des fourrages artificiels me procure le moyen d'avoir un plus grand nombre de bestiaux, et que cette augmentation de bestiaux augmente la masse des engrais, de manière à faire produire au quart semé en grain, autant et même plus qu'on ne retireroit du tiers de la même ferme, en suivant la méthode ordinaire. Les dépouilles des mars s'accroissent dans la même proportion, de manière qu'indépendamment de la bonification de mes terres, j'ai toujours, en bénéfice net, le produit du quatrième lot ensemencé en prairies artificielles, et l'augmentation des bestiaux que cette culture m'a procurée. Je crois pouvoir garantir que ce procédé seroit infaillible pour fertiliser les provinces du royaume où l'agriculture languit, et que cette augmentation de fourrage chez le cultivateur peu aisé, seroit un moyen efficace de lui rendre plus facile et plus avantageuse l'éducation des chevaux.

L'exemple des Anglois est ma preuve: on évalue la consommation en pain d'un François à 24 onces; celle d'un Anglois à 12 onces; mais l'Anglois boit de la bière. Par cet apercu de ce qui s'en fait en Angleterre, la consommation journalière est de 3 pintes par homme, mesure de Paris. Il faut en France une demi-livre de grain pour faire une pinte de bière; les Anglois la font plus forte, et y emploient plus de grain; mais laissons l'évaluation sur le même taux. Les trois pintes donnent par conséquent 24 onces, qui, jointes aux douze onces de pain, porteront la consommation d'un Anglois à 36 onces de grain, c'est-à-dire à douze onces de plus que celle d'un François.

'Il faut remarquer que la quantité de grains employés par les Anglois à faire de l'eau-de-vie, est au moins égale à celle que les Francois consomment à faire de la bière. Cependant les Anglois ont en temps de paix un superflu considérable de grains à vendre, et un excédent de bétail plus considérable encore, quoiqu'ils en fassent proportionnellement une consommation triple de la nôtre, et leurs bestiaux sont, à tout prendre, bien supérieurs à ceux de France. A quoi doivent-ils ces avantages ? aux clôtures, à la quantité de fourrages en grain, de prairies artificielles et de légumes de champs qu'ils cultivent

J'espère qu'on ne me fera pas un reproche d'avoir souvent cité les Anglois pour exemple dans cet ouvrage ; ce n'est pas assurément que je sois possédé de l'anglomanie ; mais je pense que si la vérité se trouve chez nos voisins, même chez nos ennemis, il vaut mieux y emprunter sa lumière, pour nous éclairer aussi, que de la méconnoître et de la haïr, en restant

dans les ténèbres par un sot et vain orgueil.
Il me semble qu'il y auroit aussi peu de
générosité, et autant de petitesse, à ne
pas rendre justice à ce qu'ils ont d'utile,
qu'il est ridicule et extravagant d'affecter
de les prendre pour modèles, quand ils
sont extrêmes et déraisonnables. Ils ont
leur génie et leurs préjugés, comme nous
avons les nôtres. La nature n'a pas semé
tous ses biens dans un seul climat, ni la
raison toutes ses lumières dans une seule
nation : ainsi, faisons taire notre amour-
propre, et convenons de bonne foi que
nous n'avons que de mauvais chevaux de
toutes les espèces, et que les distances qui
les séparent du vrai beau et du vrai bon
sont immenses. Mais consolons-nous bien
vite à la vue de la simplicité et de la facilité des moyens que nous avons seuls de
les porter toutes au degré de la perfection
possible.

Je termine ici ce traité fait principalement pour ma patrie, mais dont les principes sont praticables par tous les peuples
de l'Europe, en les modifiant suivant les

moyens qu'offrent leur climat, leurs usages et leurs facultés. Je crois lui avoir donné assez d'étendue et de développement, pour rendre mes idées intelligibles, et mettre à portée de les juger. Plus d'ornemens et de recherches ne serviroient qu'à embarrasser la simplicité de mes principes et la clarté des faits qui en prouvent la justesse : je n'aspire qu'à être utile ; et, n'étant pas savant, je n'ai pas la mal-adresse, ni la prétention déplacée, de chercher à le paroître. Mais qu'on me permette d'ajouter encore quelques réflexions, qui ne seront point déplacées, et qui tiennent à mon sujet.

Quoique ce plan général soit, dans mes idées et dans mes principes, l'unique dont le succès puisse complétement remplir et honorer l'exécution, cette exécution même peut dans ses moyens se prêter à des modifications, s'accommoder aux principes économiques du Gouvernement, pour rassurer pas à pas sa marche prudente et réservée dans les hasards d'une grande entreprise. Ce n'est point ici le lieu de développer les moyens dont le Gouvernement peut s'aider dans l'établissement que nous proposons. Ces détails sont préparés dans un mémoire particulier, où, dans le choix de ces moyens divers, nous nous sommes fait une loi de n'en présenter aucun qui puisse être onéreux au peuple ni aux finances de l'Etat, et nous les croyons convenables et suffisans pour former les haras de pépinière, les éducations secondaires et auxiliaires, sans rien changer au régime actuel des haras, sans aucun surcroît de dépense de la part du roi, sans augmentation d'imposition, et aussi pour soutenir ensuite ces établissemens, en procurant même une économie de deux cinquièmes sur la dépense actuelle. Mais je me permettrai deux observations importantes, et sur le temps de l'exécution et sur ses formes.

1°. Quant au moment d'exécuter, il est précieux à plus d'un égard. Il l'est d'abord, parce que les délais, dans une réforme nécessaire d'un vice ruineux pour l'Etat, sont une perte journalière et toujours croissante; il l'est, parce que cette entreprise n'étant pas l'ouvrage d'un jour, et qu'il faut que le temps et les puissances progressives du climat et de la génération concourent avec les travaux et les soins de l'homme, non pas pour changer la nature, mais plutôt pour revenir à elle par degrés, pour recréer et renouveler les espèces nombreuses du cheval dans la France, et les porter à leur dernier terme, il importe de se hâter d'agir, et de ne pas ajouter les inutiles délais de l'irrésolution ou de l'incertitude à la lenteur inévitable et physique de l'opération et du succès complet. Il l'est encore par les circonstances, et sous un règne où les peuples plus rapprochés de leur maître par l'affection, et par la juste sécurité qu'elle inspire, ont pris confiance en sa parole, reçoivent d'un esprit moins inquiet et moins alarmé les vues, les opérations, les innovations du Gouvernement, et règlent leurs jugemens sur l'opinion favorable qu'ils en ont conçue. Quel temps plus propice attendroit-on pour changer et réformer les principes d'une administration vicieuse, pour en persuader les

défauts essentiels à l'habitant des campagnes, pour l'intéresser à donner sa foi
et son zèle aux procédés nouveaux, à croire
aux intentions du monarque pour le bien
général, uni à l'avantage des particuliers,
pour faire céder les vieilles routines, les
préjugés nuisibles, à cet esprit de persua-
sion et d'abandon dans les lumières de ses
supérieurs, moyen général et puissant, si
précieux ici, où le concours universel de
la classe la plus utile et la plus nombreuse
est de nécessité indispensable.

Quant à l'étendue et aux formes de
l'exécution, le plan que je propose est
celui qui est à préférer, par la raison
même que son cadre est le plus grand et
le plus vaste. Qu'il soit examiné, pesé
dans toutes ses parties; et si un examen
sérieux, éclairé par les connoissances dans
cette matière, par l'expérience des faits,
et présidé par l'amour du bien général,
conduit à la conviction de mon erreur et
de la fausseté de mes principes, qu'on se
hâte de le rejeter. Dans cette hypothèse,
le sacrifice en seroit déja fait dans mon

cœur ; et j'aurois encore servi ma patrie ,
en servant à marquer une erreur de plus ,
capable de séduire , et qui seroit désor-
mais épargnée au citoyen plus heureux
qui se livreroit à la recherche de la vérité
et de la source du mal , dans cet important objet. Mais s'il est approuvé , s'il est
trouvé juste et avantageux , qu'on se hâte
également d'en poser tous les fondemens, et
de l'exécuter dans sa juste étendue. Ce n'est
qu'en grand et en son entier qu'il remplira
tout son but , et produira tout son effet. La
régénération de toutes les espèces du
cheval , dans une monarchie aussi vaste
que la France , peut et doit être l'ouvrage
d'une machine simple dans son principe ;
mais cette machine ne peut être sans des
ressorts nombreux , qui soient multipliés à
raison de l'espace, qui agissent sur toute
l'espèce répandue dans le royaume , et
agissent de concert , ensorte que les opérations marchent d'accord et vers le même
but, qui est la perfection graduelle de cette
espèce , et qui imprime à toutes les parties
une impulsion sûre et constante , sans la-

quelle aucun grand établissement ne peut
réussir. Si vous rétrécissez l'exécution de
ce plan, dont la force et le succès dépendent sur-tout et de l'union et de l'unité
d'action ; si vous l'exécutez par parties,
que d'universel, vous le rendiez local ,
vous perdez et du temps et de l'effet, en
raison de ce que le produit de plusieurs
forces isolées et désunies est bien inférieur
au produit infiniment plus grand de ces
mêmes forces unies, concertées ensemble
et augmentées par leur réunion même.

La dépense ne peut ici effrayer le Gouvernement, et refroidir son zèle pour le
bien général ; les ressources et les moyens
sont dans la main du roi. Le premier
moyen, celui sans lequel nul succès ne
peut être espéré, je veux dire des étalons
arabes, existe dans le royaume ; il en
reste encore de ceux que M. Bertin a fait
venir en beaucoup plus grand nombre
qu'il n'est nécessaire pour commencer l'é-
tablissement, et attendre qu'on en ait fait
venir de nouveaux. Les autres moyens
peuvent également être employés sans
grossir

grossir la masse des fonds assignés au haras du roi, et sans autre effort que de mettre seulement le bien à la place du mal.

. Mais nous ferons encore ici, relativement à la dépense, une observation aussi simple que vraie. La plus grande économie possible, dans un établissement public, est sans doute un grand mérite, et doit être, toutes choses égales d'ailleurs, recherchée et préférée par le Gouvernement ; mais il est des cas où l'excès de cette vertu devient une source de pertes.

Dans une entreprise importante, vaste et d'une utilité reconnue, il faut absolument proportionner les moyens au résultat, et la force à l'effet qu'on veut produire. Si l'économie, voulant toujours descendre au dessous des justes limites, se jette dans l'extrême, elle devient nécessairement funeste ; elle prodigue, au lieu de ménager, parce que ce qu'elle dépense est perdu. Ni l'homme, ni les rois ne peuvent rien créer avec le néant. Il leur est donné de recueillir, avec le concours de la nature et du travail, des moissons abondantes : mais

Q

encore faut-il avancer la semence, en proportion du champ et de la récolte qu'on
veut faire. Une grande machine, on ne
peut trop le répéter, doit être établie
toute entière à la fois. Si on lui refuse la
moitié de ses ressorts, ou elle ne recevra
pas le mouvement, ou elle ne produira
que des effets imparfaits; souvent on dé-
pensera, en dépenses partielles et accu-
mulées l'une sur l'autre, toutes également
imparfaites et infructueuses, beaucoup
plus que n'auroit coûté une réforme cou-
rageuse, prise plus en grand, portée à la
source même et dans le principe du mal,
et qui allant droit au but, et détruisant
tous les vices, tous les obstacles à la fois,
marche plus rapidement et plus surement
au succès. L'exemple se trouve dans l'administration même des haras. Depuis son
origine, on a souvent repris en sous-œuvre
l'édifice chancelant, replâtré des parties,
ajouté dépenses sur dépenses, et toujours
sans fruit, parce que l'édifice pèche par
ses fondemens, et qu'il faut le rebâtir sur
un plan nouveau, et l'asseoir sur des prin-

cipes plus solides, qui soient d'accord avec la nature.

. Pour une grande entreprise, il faut sans doute un grand motif, un grand objet d'utilité. Si l'amélioration, non pas momentanée et passagère, mais durable et permanente, de toutes les races de chevaux que nourrit la France, et dont elle a besoin, soit dans la paix, soit dans la guerre ; si la perfection de toutes les races, portée à un terme où aucun des peuples de l'Europe ne pourra jamais atteindre ; si cette perfection donne un accroissement de force et de moyens à notre agriculture, une épargne dans nos finances, et un surcroît de produit dans notre commerce et notre numéraire ; si elle assure davantage une partie de notre puissance et de nos succès dans la guerre, en perfectionnant le cheval de bataille, et un des instrumens de la victoire ; si, par tous ces avantages réunis, elle augmente nécessairement et la force de l'Etat et l'aisance des sujets, quelle est la conquête, quelle est la colonie fondée au loin, qui, sans compter même le sang

humain que ses terres auroient dévoré, aura
si peu coûté, aura plus rapporté ? Quelle
est celle dont la conservation égale à la
durée de la monarchie, sera plus certaine,
plus à sa portée, plus indépendante de
la fortune et des révolutions ? Nul rival,
nul ennemi ne pourra nous la disputer,
nous la ravir ; et la nature même, par
notre climat avantageux, par notre position unique, nous en garantit l'éternelle
jouissance, tant que les citoyens et l'Etat
voudront la suivre par une marche facile,
au lieu de la contrarier à grands frais.
Mais souvenons-nous qu'il faut réprimer
ici notre impatience naturelle et notre
ardeur prématurée de jouir. Qu'on ne
s'attende point à voir, dès le lendemain,
éclore les semences de la veille. Il faut du
temps et de la persévérance. La nature
est sûre, mais lente dans ses effets, et
n'avance que par progrès insensibles ; et
ce ne sont point les succès rapides et éclatans que l'on doit envisager dans les grands
établissemens d'une utilité universelle ; ce
sont les résultats à venir qu'il faut em-

brasser dans son espérance et dans son zèle. On le concevra sans peine, en considérant les progrès et le laps de temps nécessaire pour les différentes révolutions par lesquelles il faut·faire passer chaque espèce de chevaux, avant de les voir arriver toutes à un certain degré de perfection marquée. Il faut que le Gouvernement, que les chefs de l'entreprise épousent ici les sentimens et le rôle d'un pere de famille, qui sème encore, sur le déclin de l'âge, les germes du chêne et de l'ormeau. Il ne recueillera point lui-même les fruits de ces plantations, il ne jouira point de leur ombrage ; mais l'avenir survit au présent dans son cœur paternel ; il prolonge son existence dans celle de ses enfans, et le plaisir anticipé que lui causent leur avantage et leur bonheur, devient pour lui une jouissance présente et personnelle ; aussi vive, aussi vraie que celle qu'il leur prépare. Cette considération doit mettre en évidence mon propre désintéressement et la pureté de mes motifs. Je n'ai point, dans le plan que je propose, calculé les intérêts de mon amour-propre. Les commencemens n'offriront aux yeux du vulgaire, obligé d'attendre la révolution de plusieurs générations, pour apercevoir les progrès des haras, qu'une lueur de succès très-équivoque et peu flatteuse ; et (il y aura long-temps que je serai oublié, quand viendra l'époque heureuse où ma patrie recueillera les fruits de mon plan et de ma méthode nouvelle. Mais quiconque travaille pour le bien général, doit, pour premier sacrifice, commencer par celui de son amour-propre, apprendre à se passer de gloire ; et même de la reconnoissance des hommes, et concentrant sa récompense dans le besoin, dans le plaisir d'être utile, chercher dans l'espoir de la perspective des avantages qui lui survivront, une jouissance d'opinion, qui le dédommage de l'indifférence ou des dédains de la génération présente.

F I N.

TABLE

DES MATIERES.

TABLE DES MATIÈRES.

FIN DE LA TABLE.

www.ingramcontent.com/pod-product-compliance
Lightning Source LLC
Chambersburg PA
CBHW060347200326
41519CB00011BA/2061